虚拟现实开发实战：
创造引人入胜的 VR 体验

[美] 查尔斯·帕尔默（Charles Palmer）
约翰·威廉姆森（John Williamson） 著

谢永兴 译

机械工业出版社
CHINA MACHINE PRESS

本书采用了一种实用的、项目式的方法来进行 VR 开发。本书使用了 4 个易于理解而又启发人思考的创意，在 Unity 开发平台上就实现 VR 项目的一些细节展开教学。每一个项目都从分步式指南开始，之后还包括对 VR 最佳实践、设计选择、技术挑战的讨论，以及对读者解决方案进行改进和实现的指导建议。

我们期望读者在学习完本书后，能够获得一套新的技能并热爱上 VR 开发，同时具备使用 Unity 平台创建丰富的、沉浸式体验的想法和创意。

图书在版编目（CIP）数据

虚拟现实开发实战：创造引人入胜的 VR 体验 /（美）查尔斯·帕尔默（Charles Palmer）等著；谢永兴译 . —北京：机械工业出版社，2021.1（2022.9 重印）

书名原文：Virtual Reality Blueprints:Create compelling VR experiences for mobile and desktop

ISBN 978-7-111-67230-2

Ⅰ . ①虚…　Ⅱ . ①查…②谢…　Ⅲ . ①虚拟现实　Ⅳ . ① TP391.98

中国版本图书馆 CIP 数据核字（2021）第 002294 号

机械工业出版社（北京市百万庄大街 22 号　邮政编码 100037）
策划编辑：林　桢　责任编辑：林　桢
责任校对：梁　倩　封面设计：鞠　杨
责任印制：郜　敏
北京盛通商印快线网络科技有限公司印刷
2022 年 9 月第 1 版第 3 次印刷
184mm × 240mm · 10 印张 · 221 千字
标准书号：ISBN 978-7-111-67230-2
定价：59.00 元

电话服务　　　　　　网络服务
客服电话：010-88361066　机 工 官 网：www.cmpbook.com
　　　　　010-88379833　机 工 官 博：weibo.com/cmp1952
　　　　　010-68326294　金 书 网：www.golden-book.com
封底无防伪标均为盗版　机工教育服务网：www.cmpedu.com

原书序

2002 年我加入卡内基梅隆大学娱乐技术中心，并有幸第一次和 Charles Palmer 共事。我俩非常幸运，能够和虚拟现实（Virtual Reality, VR）的先驱人物 Randy Pausch 一起工作，你可能知道他的著作和视频——*The Last Lecture*。Randy 非常看好 VR 的美好前景。他和我一样确信，VR 是我们有生之年计算机技术中最为重要的成果。Randy 职业生涯的大部分时间都致力于如何最好地利用 VR 技术创造出超凡的体验，他创办了一个"构建虚拟世界"的班级，并要求班级里的学生应用前沿 VR 技术创造出震撼而新奇的体验。这个班级的中心理念就是"我们没时间坐下来去讨论怎么做是可行的——学习 VR 的最好方式就是投身实战"！15 年后，Randy 已经不在了，但他的班级留了下来，而且即使技术更加进步了，我们还是坚持了投身实战的理念！

当然，实战过程中有高级实战课程支持是一回事，而自己单干又是另一回事！幸好，Charles Palmer 和制作人兼设计师 John Williamson 精心撰写了本书，书中内容让你可以立刻开始打造自己独有的虚拟世界。制作精美的虚拟世界会令人沉浸其中，本书也是如此！无论你用的是 Oculus Rift，还是 Gear VR 头盔，甚至只是 Google Cardboard，本书都为你提供了入门和起步所需的一切。

VR 将改变我们的生活、工作和娱乐。就像电、互联网和智能手机一样，总有一天我们将回顾过去，并试想如果没有 VR 我们会是什么样子。正如 Willy Wonka 的金奖券上所说，"在你最疯狂的梦里，你无法想象会有什么惊喜等着你！所以为什么要等呢？"本书将帮助你在开发 VR 时快速从入门走向实战。你之前可能会觉得创作一流的 VR 项目非常困难，而本书将让你的开发之路充满乐趣。正如 Randy 曾告诉我们的那句话——"永远都不要低估享受乐趣的重要性"。

Jesse Schell
卡内基梅隆大学娱乐技术实践知名教授
Schell 游戏公司 CEO

原书前言

2017 年第三季度的硬件销售量，是虚拟现实（Virtual Reality，VR）硬件产业的一个新的里程碑。在经历了几年的使用率低下和销售不景气后，制造商售出了 100 万台 VR 头盔。这一成功震惊了许多科技作家，他们曾预言 VR 技术会被早期使用者和技术发烧友束之高阁。然而，在现代消费级头盔发布后，VR 产业还是看到了其巨大的推动力，同时，各种场景下 VR 的大量使用也让 VR 开发人员数量迎来了蓬勃增长。随着头盔成本的降低和消费者市场的日益壮大，全球各地产业都在投资 VR 技术。这并不局限于娱乐公司，制造业、医疗卫生行业、零售和教育行业也正在引领 VR 技术一些新的探索和应用。

我们看看 Glassdoor、Indeed 和 Monster 这些公司的情况吧。从纽约到休斯敦，再到雷德蒙德，在美国的每一个技术人才市场都在不断涌现出新的与 VR 开发相关的招聘信息。VR 开发能力可谓炙手可热。

本书采用了一种实用的、项目式的方法来进行 VR 开发。我们使用了 4 个易理解的而又启发人思考的创意，在 Unity 开发平台上就实现 VR 项目的一些细节展开教学。每一个项目都从分步式指南开始，之后还包括对 VR 最佳实践、设计选择、技术挑战的讨论，以及对读者自己的解决方案进行改进和实现的指导建议。

我们期望你在学习完本书后，能够获得一套新的技能并热爱上 VR 开发，同时具备使用 Unity 平台创建丰富的、沉浸式体验的想法和创意。

适用读者

你是否想过创建自己专属的 VR 体验？是否想过创建一个沉浸式环境？手头是否有一款 VR 头盔？如果你的答案都是"Yes"的话，那么本书正是为你准备的！本书内容既适合开发人员，也可帮助新手上手学习。最好具备一些 Unity 游戏引擎的知识，不过即使是开发新手也可以跟上并适应书中的分步式教程。

本书内容

"**第 1 章　VR 的过去、现在和未来**"，详细介绍了虚拟现实平台，从起步阶段，到当今的硬件设备。该章介绍了视觉暂留、立体视觉和触觉反馈，这些要素的结合将虚拟世界和物理世界真正连接起来。

"**第 2 章　为 Google Cardboard 构建一个'太阳系'**"，这是一个简单的入门项目，使用 Trappist-1 Solar System 作为背景向新手介绍 VR 开发。

"**第 3 章　为 Gear VR 构建图片画廊系统**"，使用虚拟实地考察（VR 行业的基石）来演示如何创建虚拟场景。该章还列出了一个用户参与的计划进程。这个入门级项目也是为你迅速熟悉项目开发而准备的。

"**第 4 章　为虚拟画廊项目添加用户交互**"，用案例说明了 VR 沉浸的关键就在于用户交互。在该章中,我们对图片画廊进行扩展,使其接受用户输入,进而引出沉浸感这一主题。我们会创建一系列控制器脚本,用于在 VR 空间中选择图片和画廊。该项目是面向中级 Unity 开发人员的,但是其中的操作和方法适合于所有开发人员。

"**第 5 章 在 Oculus Rift 上展开'僵尸'大战**",探讨了第一人称射击类型游戏。无论是第一人称还是第三人称的射击游戏,几十年来都已经被牢牢地确立为顶级游戏类型。"僵尸"大战第一部分涵盖了环境的构建、射线系统的实现,以及使用状态机来控制动画预制件的播放。与此同时,我们还给出了一些优化 VR 体验的技巧。

"**第 6 章 为 Oculus Rift 编辑'僵尸'脚本**",这是"僵尸"大战的第二部分。该章详细介绍了如何构建控制"僵尸"和玩家进行交互的脚本。如果你有 Unity 脚本编程经验,理解起来会更容易,新手也完全不用担心,因为我们的操作说明非常详尽。

"**第 7 章 嘉年华游乐场游戏(上)**",这个项目中我们将一起构建社区嘉年华中常见的两个小游戏。这一部分包括了构建环境、讨论关卡设计的相关技巧,以及规划传送系统。

"**第 8 章 嘉年华游乐场游戏(下)**",提供了关于添加 UI 元素、各种游戏对象脚本编程、项目收尾的说明。作为终极任务,你需要对本章内容做一些拓展,通过添加 Asset Store 中的物品或是自定义游戏对象,来营造嘉年华气氛。

"**附录 A VR 设备概览**",罗列了一些现有的 VR 头盔,主要提供产品的细节、规格以及价格比较。

"**附录 B VR 相关概念**",为想更进一步理解书中概念的读者提供了一些额外的 VR 术语讲解。该附录中还包含了有关输入、移动和设计用户体验的最佳实践。

如何最有效地利用本书

开始书中所列项目之前,要先做几件事。首先,需要一台满足 Unity 3D 系统需求的 Mac 或 PC。可以访问 https://docs.unity3d.com/Manual/system-requirements.html 以查看你的计算机配置是否符合软件运行需求。

本书使用的是 Unity 3D 游戏引擎免费版。如果你对 Unity 引擎并不熟悉,可以访问 https://docs.unity3d.com/Manual/UsingTheEditor.html,该教程介绍了 Unity 软件界面和基本游戏对象。Unity 引擎在不断进行改进,版本不断更新。每月都会发布一些新的补丁,每年大概会进行两三次主版本更新。因为更新很快,所以你最好安装最新版本的 Unity 软件。

开发项目时除了需要计算机外,还要配备 VR 头盔来对环境进行完整测试。

我们设计了几个针对不同平台的教程:Google Cardboard(项目:"太阳系")、三星 Gear VR(项目:图片画廊),以及 Oculus Rift(项目:"僵尸"大战、嘉年华游戏)。当然,构思都是通用的,只要略做调整,就可以将其应用在其他设备上。

每个硬件平台都需要相应的软件开发工具包(SDK)或自定义 Unity 软件包来帮助 Unity 和 VR 设备进行通信。每个项目的开头都有安装说明。记得检查与已安装 Unity 版本的软件兼容性,这点也很重要。可以通过下载网站或 Unity 的 VR 设备部分(https://docs.unity3d.com/Manual/XRPluginArchitecture.html)完成兼容性检查。

下载示例代码

可以通过以下步骤下载代码文件：

1）打开 www.packtpub.com，登录或注册。

2）选择"SUPPORT"选项卡。

3）单击"Code Downloads & Errata"。

4）在搜索框输入原书的书名，然后跟着屏幕提示进行操作即可。

下载文件后，请确保使用以下软件的最新版本进行解压：

● Windows 系统：WinRAR/7-Zip。

● Mac 系统：Zipeg/iZip/UnRarX。

● Linux 系统：7-Zip/PeaZip。

本书代码在 GitHub 上也能下载：https://github.com/PacktPublishing/Virtual-Reality-Blue-prints。

约定

本书中出现的文本样式和注释如下：

粗体：表示这是一个新术语、重要词汇，或是出现在屏幕上的词汇。例如，菜单或对话框中出现的文本都使用粗体。示例："使用 **GameObject | 3D Object | Sphere** 新建一个球。"

表示警告或重要提示。

表示技巧方面的提示。

关于作者

Charles Palmer 是哈里斯堡大学的一名副教授。他一直关注新兴技术的设计和开发，负责本科交互式媒体项目课程，还负责指导学生关于 AR/VR、游戏开发、移动计算、Web 设计、社交媒体以及游戏化等应用型项目的开发。同时，他还是一名幸福的丈夫和父亲、备受赞誉的 Web 设计大师、国际演说家、3D 打印发烧友。

John Williamson 自 1995 年起进入 VR 领域。作为一名设计师，推出了 30 多种游戏（America's Army、Hawken、SAW 和 Spec Ops），几乎涵盖所有平台（iOS、Android、Wii、PlayStation、Xbox、Web、PC 及 VR）的所有类型（RTS、FPS、街机、仿真）。他还是一名备受赞誉的电影制作人，并在 DigiPen 和哈里斯堡大学教授游戏设计课程。他现在仍就职于 VR 行业，为诸如美国空军、陆军及 NASA 的各种高风险培训创建沉浸式训练环境。

关于审校者

  Gianni Rosagallina 是一名意大利籍高级软件工程师和架构师，2013 年起主要关注 AI 和 VR/AR 等新兴技术。现在他工作于 Deltatre 创新实验室，为下一代运动体验和商业服务提供原型解决方案。除此之外，他还拥有超过 10 年的微软和 .NET 技术（物联网、云及桌面 / 移动应用）的认证顾问经历。2011 年起，他被授予 Windows 开发领域的微软 MVP。2013 年起，他成为 Pluralsight 的签约作家，并在美国国内和国际会议上发表多次演讲。

目 录

第1章
VR的过去、现在和未来

本书意在用于VR的实践性快速入门。书中介绍了VR技术的简要历史，一些流行术语的定义，还有关于如何避免晕动病和确保追踪器完美工作的一些最佳实践。

在随后的几章，你将开始创造自己的虚拟世界，并使用移动设备或**头戴式显示器**（**Head Mounted Display，HMD**）在其中探索。本书所有项目都使用Unity 3D进行开发。Unity是一款灵活而强大的电子游戏引擎，很多流行的电子游戏都是使用Unity开发的，如Hearthstone、Cities Skylines、Kerbal空间计划、Cuphead、Super Hot和Monument Valley等。

你将学会用Unity制作下列虚拟世界：

- **"太阳系"**：使用Google Cardboard遨游星系，并且没有时间和物理上的限制。
- **图片画廊**：制作一个艺术画廊，在这个三星Gear VR项目中将由你来决定墙上挂哪些画。
- **"僵尸"大战**：只有死"僵尸"才是好"僵尸"——等等，活着的才是？不管怎样，你会在Oculus Rift中和它们展开大战。
- **嘉年华游戏**：这些VR嘉年华游戏非常逼真，唯一缺少就是嘉年华食物的味道。

此外，你还将学到Unity开发的相关内容，比如：

- 对系统的需求。
- Unity脚本编程。
- VR用户交互。
- 构建VR环境。
- 等距图像。
- 改善性能。
- 三星Gear VR开发流程。
- Oculus Rift开发流程。
- 如何克服VR晕动病。

1.1 虚拟现实的历史

显示成像技术三个方向的发展相互融合，驱动着虚拟现实向前发展：

- **视场角**：我们可视范围的区域大小。
- **3D影像**：纵深感是由水平方向两个不同视点同时观察世界产生的。

● **交互性**：实时改变虚拟环境的能力。

本章我们将详细回顾虚拟现实的历史，看看早期的设计如何为今天的设计提供灵感，甚至还有一些早期的想法即使是我们现在的 VR 硬件也并未实现。

我们主要回顾以下内容：

● 19 世纪的全景图。

● 圆形天幕 Cyclorama 和多感官剧场 Sensorama。

● NASA 登月模拟器。

● 任天堂 Powerglove。

● Hasbro 的 Toaster。

无论是图画还是照片，静态 2D 图片都不能很好地呈现现实世界。正因如此，20000 年前人类为洞穴壁画第一次加上闪烁阴影，为其增加了动感，从那时起，人们就开始致力于图像增强，让它们看上去更真实、更沉浸。简单的做法是加上动感，然后再加上纵深感。还有更复杂的方案：在希腊和罗马庙宇中通过添加运动特效和声音特效，来提供一种完整的感观体验。不用人的交互，门就自动打开，头顶雷声阵阵，喷泉翩翩起舞，所有这些设计都是为了营造出比静态雕塑和图画更强的体验。

1.2　透过镜子

透视法，是艺术和数学交融的一个典型例子，它使我们在观察世界时可以准确地将其描绘下来，见图 1-1。艺术家们学会了混合颜料来创造半透明的效果，魔术师利用视觉残留来让人产生幻觉，小孩子的玩具有一天将能够播放流行明星的动画和全息影像。

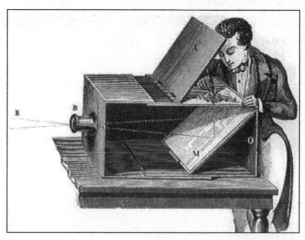

图　1-1

幻灯是暗箱的一种扩展形式，其历史可追溯到 17 世纪，见图 1-2。暗箱使用的是阳光，而幻灯使用的是人造光：一开始是烛光，然后是石灰光，再然后是电灯的光。灯光穿过作了画的玻璃板，然后投射到墙上，这和幻灯片投影仪很像（或者说更像是视频投影仪）。图片可以滚动播放，形成正在运动的错觉，或者也可以用两张图片来回切换，产生动画的效果。幻灯这种简单技术流行了 200 多年，直到 20 世纪 20 年代电影的出现，它才淡出历史舞台。

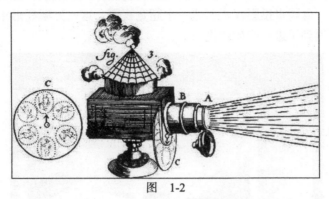

图　1-2

1.3　让静态图片动起来

西洋镜：有些设计和玩具做过这样的试验，通过快速播放一系列静态图片来产生运动的错觉。但是，直到 18 岁的 William Lincoln 向 Milton Bradley 展示他的独特设计后，西洋镜才真正流行起来，见图 1-3。其中的窍门在于在观察设备上布置多个细缝，这样就只能短暂地观看到图片，而不能连续地观看。正是**视觉暂留**（图片在移去后还能在眼睛中保持短时可见）作用，让由一系列静态图片构成的影片看起来是运动的。

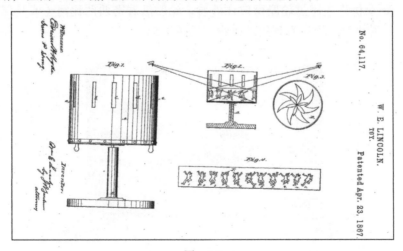

图　1-3

1.4　越大越好——全景图

再往后，艺术家们开始实验大型的图画，图画大到足以充满观看者的整个视野，这让人产生一种就在现场的错觉，而非简单地置身于剧场或画廊，见图 1-4。图画会被弯成半圆形以增强效果，这种巨画在 1791 年首次由 Robert Barker 在英国制作出来。事实证明，在经济上它们是很成功的：仅伦敦一个地方在 1793 ~1863 年期间就布置了 120 多处全景图。20
世纪 50 年代好莱坞的全景电影又重复使用了这种宽视野方案来吸引观众，其投影系统需要
三台同步摄像机和三台同步投影仪来创造一个超宽视野。这一方案在近年来的 360° 环绕视
觉和 IMAX 电影中得到了进一步的改进。

图　1-4

经过不长的一段时间，这种大型图画又做了两处改进。首先是将视野缩短至一块更窄
的区域，但是将图画做得非常长——实际上有些会有几百米长。这种沉浸式图画将对观众
慢慢展开，通常是通过一个窗口来增加一层额外的纵深，再配一个旁白导游，由此造成这
样一种错觉：观众仿佛在透过轮船窗户往外看，轮船沿着密西西比河（或是尼罗河）漂流
而下，一旁的导游讲解着沿途看到的动植物，见图 1-5。

图　1-5

这一技术令人印象深刻，第一次使用是在几个世纪前的中国，虽然当时是用于更小型
的图画上。

1899 年百老汇出品的 Ben-Hur 使用了类似的机理，Ben-Hur 经营了 21 年，售出了 2000

万张票。图 1-6 是其中一张宣传海报，真实效果略有不同。

图　1-6

一块罗马竞技场巨幕位于两驾战车后，真实的马匹拉着战车，风扇吹扬起尘土，给人以身处战车轨道上的感觉。这一技巧还在后来用于背投屏幕投影制作电影特效，甚至还能帮助人类"登月"，如图 1-7 所示。

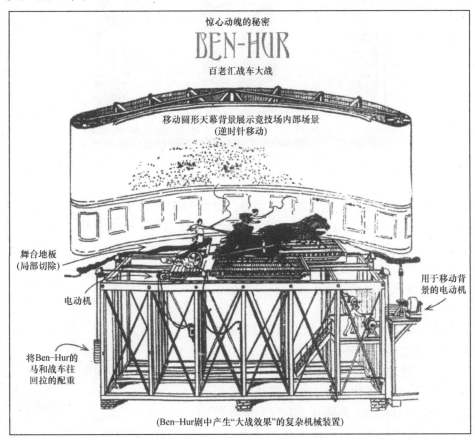

图　1-7

下一阶段是将图画布置成 360° 可旋转,然后将观众置于中心位置。后期版本还添加了 3D 雕塑、动态光线和特定位置预先编制的音效,以进一步增强体验,同时还会模糊现实与 2D 图画之间的界限。现在在美国还能看到几个这种剧场,其中包括宾夕法尼亚州葛底斯堡的葛底斯堡战役环形全景画。

1.5 立体镜

立体视觉是一个经过诸多因素后的重要进化特征。几乎所有陆地上的哺乳类捕食动物都具有立体视觉的前视眼,这让它们能够发现经过伪装的目标,或是帮助它们感知景深,从而决定从何处攻击。然而,这也使得捕食者的视野狭小,无法发现身后的情况。几乎所有猎物的眼睛都位于头部两侧,更宽的视野让它们可以发现两侧和身后的捕食者。

直到 1838 年 Charles Wheatstone 发明出立体镜,人工立体图片才首次出现,见图 1-8。幸运的是,照相机也几乎在同一时间被发明了出来,因为要画出两张仅隔 6.5cm 而又近乎相同的图片是非常困难的。

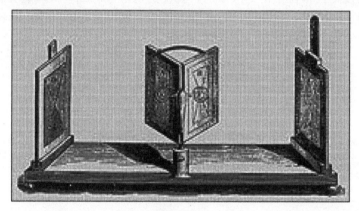

图　1-8

Brewster 在十年后改进了这一设计。但是,直到 1861 年作为诗人和哈佛医学院院长的 Oliver Wendell Holmes Sr. 对立体镜进行重新设计,才让它真正得到普及。他认为立体镜应该是一种教育工具,所以特意没有申请专利。这样做降低了使用成本,确保了立体镜能够得到最广泛的应用。在维多利亚时代里,几乎每家每户的客厅里都会摆上一台 Holmes 立体镜,见图 1-9。该设计最常与立体影像古董联系在一起,直到 1939 年 View Master 出现之前,它都一直最为流行。

立体镜需要呈现两张几乎相同的图片,每只眼睛对应一张。然而,各种方案中确保眼睛只看到指定图片(左眼只能看到左侧图片,右眼只能看到右侧图片)的方法各有不同。

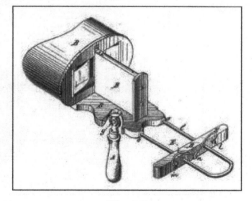

图　1-9

在早期立体显示以及现在所有的 VR 头戴式显示器中，实现方式很简单：为每只眼睛准备一个单独的透镜，确保了每只眼睛只能看到为它设计的图像。从 View Master 到 VIVE，都使用了相同的基本技术。如果一次只有一个观察者，这样做堪称完美。

但是，当你想要向一大群人放映 3D 电影时，就需要不同的技术来确保没有**串扰**。也就是说，你还是想要左眼只看到左侧图像、右眼只看到右侧图像。对于 3D 电影来说，有少数几种不同的方法可供选用，每种方法都各有其优缺点。

最为经济的一种方法是 3D 漫画书常用到的立体图 3D。一般地，这需要红色和青色两种镜头（尽管有时会是绿色和黄色镜头）。左侧图像使用红色油墨印刷，右侧图像使用青色油墨印刷。红色镜头会阻断青色，青色镜头同样会阻断红色。这样做确实有效，然而总是会存在一些串扰，每一侧的图像总有一部分还是能被另一侧眼睛看到。

偏振式 3D 使用了诸如红绿眼镜这种技术，允许使用全彩图像，一束偏振光通过一个镜头，而另一束正交偏振光将被阻断。这一原理甚至可以用于印制图片，不过与立体图 3D 相比其成本剧增。偏振式 3D 是当今 3D 电影中最为常用的技术类型。

主动式快门起初是一种机械式快门，它会阻断每只眼睛与电影进行同步，每次只显示一只眼睛的图像。后来，这种机械式快门被液晶显示器（Liquid Crystal Displays，LCD）取代，LCD 可以阻挡大部分（并非全部）光线。这是世嘉 3D 系统所采用的 3D 技术（见图 1-10），一些 IMAX 3D 电影系统采用的也是这种技术。

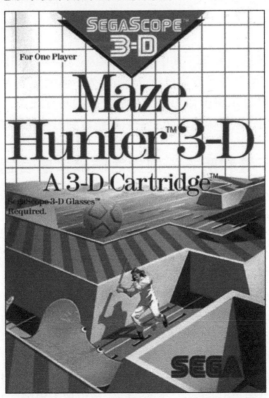

图　1-10

还有许多其他的 3D 技术：使用激光和镜子或光线阵列制作的立体显示技术、光分离技术，以及全息图技术。但是没有一种技术像之前所讨论过的技术那么好用。

说实话，能交互的全息影像只存在于科幻小说里。图帕克和迈克尔·杰克逊的全息图实际上是基于 19 世纪一种称为佩珀尔幻象的魔术戏法的（见图 1-11），只是简单地将 2D 图像投影到一块玻璃板上。HoloLens 中的全息图像也不是真正的全息图，它也是使用了某种形式的佩珀尔幻象，将上层的图像向下投影到一系列半透明光学器件上。

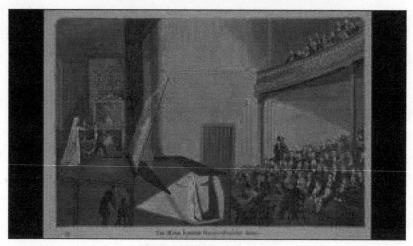

图　1-11

之所以有必要提一下透镜显示，其中有两个原因。第一，它让用户可以不使用眼镜就能看到 3D 效果。第二，尽管技术发展已近 75 年之久，但大多数人之所以熟悉透镜显示还是因为任天堂 3DS。透镜显示将图像切分成相互交替的垂直细条，一组是给左眼看的，另一组是给右眼看的。使用视差屏障可以防止一只眼睛看到另一只眼睛的图像。

1.6　为何要止步于看和听——视觉之味和多感官剧场 Sensorama

尽管这一代 VR 尚未把嗅觉加到它们的输出里，但这并不意味着前辈们没有进行过相关尝试。

1960 年电影业曾尝试在放映电影 *Scent of Mystery* 时（见图 1-12）释放一些气味，在电影放到某个特定时刻，会向观众喷射。不过一些观众抱怨说气味太浓了，而另一些人却说根本就什么都闻不到。但是让包括 Elizabeth Taylor 在内的所有人都一致同意的是，这部电影不值一看，所以，这一技术就悄然消失了。

1962 年 Morton Heilig 建造了一个名为 Sensorama 的多感官剧场。虽然一次只容许一名观众体验短片，但是观众的所有感官都会被调动起来：3D 显示器、气味发生器、振动椅、发间拂过的微风，还有立体声。现在许多主题公园里的 4D 电影就是 Sensorama 的近亲。

Heilig 也尝试过为他的沉浸式影片制作一个多观众版本，其中包含了体验剧场和圆形天幕的一些元素，他把它叫作 Telesphere。Telesphere 利用超大视野、3D 立体图像和振动来营造沉浸式体验。

图 1-12

1.7 Link 飞行模拟器和阿波罗计划

第一次世界大战极大地促进了飞机制造业的发展，飞机从之前只能飞行几百米发展到飞行几百公里。早期的飞行模拟器只不过是绑在绳子上的一些油桶。Edward Link 看到了飞机制造业崛起的潜力，以及为了让飞行员能够更好驾驶这些更为复杂的飞机而带来的训练需求。新飞机的复杂性要求训练系统的逼真度也要达到一个新的水平，然而以现有技术训练出来的新飞行员数量却无法满足需要。

当时不到三个月时间，就有 12 名飞行员在训练中牺牲，这让训练系统的研发变得迫在眉睫。Link 利用他制作脚踏式风琴的知识制造出了飞行模拟器，并计划使用模拟器上的各种仪器进行飞行教学。没有任何形式的图形图像，也没有滚动的地貌，飞行员封闭在一个昏暗的有顶驾驶舱内。模拟器能够根据驾驶员操纵杆和方向舵的输入准确地做出响应，来做出一定角度的俯仰和横滚。Link 飞行模拟器还安装了小而粗短的机翼和尾部，使其看起来像是 20 世纪 50 年代小孩在杂货店外玩耍的骑乘玩具，但正是这玩意儿训练了超过500000 名飞行员。

阿波罗计划中的模拟器使用了真正的数字计算机，但当时的计算机并不足以用来显示图像。计算机只显示太空舱内计算机的简单模拟读数。为了模拟太空舱内的视角，又制作了月球及宇宙飞行器的大型三维模型和图画。月球的转动由闭路电视摄像头控制，见图 1-13。

这种转动和百年前全景图的转动不同。摄像头拍摄的视频被发送到一个特制的无限远光学显示系统，该系统安装于模拟器舱内，具有 110° 的宽视野。当宇航员在舱内训练时，摄像头会监控操纵杆的移动，并实时改变投影的图像。这套系统具有宽视野和可交互性，但并未使用 3D 立体图像（尽管通过原物大小的驾驶舱模型往外看时会给图像加上双目深度）。

图　1-13

1.8　交互性和真正的头戴式显示器

本节我们将对头戴式显示器的演化做简要概述，包括它们如何显示图像，以及使用了哪种头部追踪技术。

1.8.1　1960 年——TelesphereMask

Morton Heilig 在 1960 年为其中一个能正常工作的头戴式显示器申请了专利。这款头戴式显示器（简称为头显）是他专门为了他的 3D 立体电影设计的，没有任何头部追踪功能，但专利中的图看起来和 50 年后我们的设计有着惊人的相似，如图 1-14 所示。

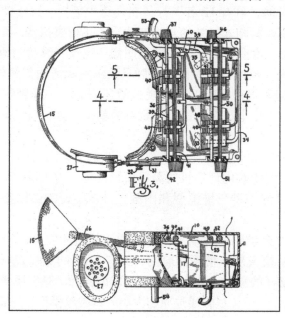

图　1-14

1.8.2　1961 年——Headsight

这是一种供远程查看的头显，用于安全地查看危险环境状况。这同样是第一款可交互头显，用户可以通过转动头部改变采集现场视频的摄像头方向，其视角是实时更新的。这向沉浸式环境和远程临场又迈进了一步。

1.8.3　1965 年——Ultimate Display

Ivan Sutherland 是这样描述 Ultimate Display（终极显示）的：能够逼真地模拟现实的一种计算机系统，用户在系统中将无法区分出虚拟和现实。这一概念包含了触觉输入和头显，是关于《星际迷航》中所称的"全息甲板"的首个完整定义。迄今为止，我们仍然没有实现真实的触觉反馈，尽管已经存在一些原型。

Ultimate Display 将会是这样一间屋子：在屋子里计算机可以控制物质的存在。显示在屋里的椅子是可以坐人的，手铐能够真正限制自由，而突然出现的子弹也足以让人受伤。通过适当的编程，这种显示能够真正创造出爱丽丝所走进的仙境。

——Ivan Sutherland

1.8.4　1968 年——Teleyeglasses

Hugo Gernsback 填补了科幻小说和头显设计之间的空白。他是一个多产的出版人，出版了 50 多种科学、技术和科幻类业余爱好者杂志。科幻小说界的雨果奖就是以他的名字命名的。

Hugo 不仅出版科幻小说，他还自己动手写。1968 年他首次发布了一款名为 Teleyeglasses 的无线头显，头显由两个相同的**阴极射线管**（**Cathode-Ray Tubes**，**CRT**）构成，并带有一对兔耳式天线。

1.8.5　1968 年——达摩克利斯之剑

1968 年，Sutherland 展示了一款具有计算机图形交互能力的头显，这是第一款真正的头显。它又大又重，无法舒适地佩戴，所以需要把它吊在天花板上（见图 1-15），它的名字就是这么来的（达摩克利斯头顶悬着一把用马鬃拴着的利剑）。

计算机生成的图像是交互式的：当用户转动头部时，图像会相应地更新。但是，鉴于那时的计算机处理能力有限，所谓的图像只是黑色背景下一些简单的白色线条图。头部的转动是通过齿轮进行机电跟踪的（现在的头显使用的是陀螺仪和激光传感器进行定位），这无疑增加了头显的重量。Sutherland 后来和别人一起创立了 Evans&Southerland 公司，

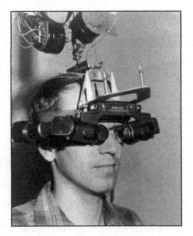

图　1-15

这家公司是 20 世纪七八十年代顶尖的计算机图形处理公司。

1.8.6 1968 年——"所有演示之母"

虽然这个演示没有头显，但是它确实包含了如今计算机中用到的几乎所有系统：鼠标、光笔，以及音频、视频、协同文字处理、超文本等的互联。幸运的是，现在可以在网上找到整个演示的视频，很值得一看！

1.8.7 1969 年——驾驶舱 / 头盔虚拟视景

Tom Furness 博士从 1967 年起开始为美国空军研究头戴式显示器，从平视显示器，到头盔显示器，再到 1969 年的头戴式显示器。起初的想法只是帮助飞行员减轻精神压力，从而让他们的注意力更加集中在关键仪表上。后来，演化为将飞行员的头部和炮塔联系在一起，以实现看向哪里就朝哪里开火。当前 F-35 战斗机上的透明座舱头显可以直接追溯到他的工作。仿佛在透明座舱或透明坦克内，飞行员或驾驶员可以通过头显看穿他们的飞机或坦克，这种毫无阻碍的战场视野是通过安装在外壳上的传感器和摄像头实现的。他的视网膜显示系统不再显示像素，而是使用激光将影像直接投入人眼，这可能与 Magic Leap 的方案类似。

1.8.8 1969 年——人工现实

Myron Kruegere 是一名虚拟现实艺术家，他提出了**人工现实（Artificial Reality）**这一概念，用于描述他制作的几个计算机互动游戏：GLOWFLOW、METAPLAY、PSYCHIC SPACE 以及 VIDEOPLACE。如果你参观过 20 世纪 70 年代至 90 年代期间的一些实践类科学博物馆，你肯定体验过其中的几种视频 / 计算机互动游戏。现在有些 Web 和手机摄像头应用程序就内置了类似的功能。

1.8.9 1995 年——CAVE

洞穴状自动虚拟环境（Cave Automatic Virtual Environment，CAVE）是首个支持多用户交互的协同虚拟空间。系统采用至少 3 个（有时会更多）3D 立体投影仪，覆盖了房间里至少 3 面墙。真实尺寸的 3D 计算机图像生成后，用户可以在其中走动。现在的 3D 立体投影仪并不昂贵，但在那时可谓天价，再加上用于实时产生逼真图像的计算机也造价不菲，使得 CAVE 系统只能成为专注于生物医疗和汽车制造的研究设施。

1.8.10 1987 年——VR 和 VPL

Jaron Lanier 创造了 VR 这个术语，或者说是他让 VR 再次变得流行。Jaron Lanier 设计制造了首款最接近商业化的虚拟现实系统，该系统包含 Dataglove 和 EyePhone 头显。Dataglove 后来演化为任天堂的 Powerglove。Dataglove 利用光纤的独有特性来跟踪手势。如果你拿来一根光纤，让光纤保持平直，从一头打一束光，这时只有一点点光损失。但是如果你将光纤弯一弯，光线就会有所损失，弯曲程度越大，光损越严重。通过测量光的强度，可以计算手指的相关动作。

第一代 VR 尝试使用自然的、基于姿态（特别是手势）的输入方法，而现在最新一代 VR 基本上都不采用手势输入（Magic Leap 除外，还有 HoloLens 也使用了很有限的手势控制）。我的理论是，新一代 VR 开发者生来就是用手持控制器作为输入，他们已经非常适应这种输入方式，而最早那批 VR 设计者没有使用手持控制器的经验，所以他们才会有使用自然方式输入的需要。

1.8.11　1989 年——任天堂 Powerglove

任天堂的 Powerglove 是运行在**任天堂娱乐系统**（**Nintendo Entertainment System，NES**）上的附件（见图 1-16）。它在电视上安装了一组共 3 个超声波扬声器，用于跟踪玩家的手部位置。理论上，当手套里玩家的手做出握拳动作时，就可以抓住物体。手部收紧和放松会改变系统采集到的电阻值，从而让 NES 注册握拳或松手事件。关于这个系统只发布过两款游戏，但它的文化影响远超于此。

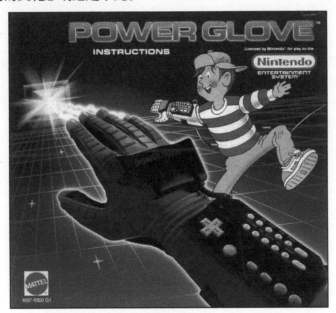

图　1-16

1.9　20 世纪 90 年代——VR 爆发

20 世纪 90 年代，VR 做出了向主流进军的首次尝试。至少三款 PC 头显投入市场，同时还制作了几种控制台 VR 系统。

1.9.1　1991 年——Virtuality Dactyl Nightmare

Virtuality 是街机电子游戏里大家能接触到的首次 VR 体验（见图 1-17）。因为即使是那些只能画出简单 3D 图像的计算机也不是一般家庭能够负担得起的。这种游戏甚至还可以联网进行多人 VR 交互。

图 1-17

1.9.2 1993 年——世嘉 VR 眼镜

1993 年的消费者电子展上，世嘉（SEGA）公司为他们的 Sega Genesis 控制台游戏发布了配套的 Sega VR 头盔（见图 1-18）。该系统包含了头部跟踪功能和立体声扬声器，系统的图像显示在两个 LCD 屏上。SEGA 公司为这个系统制作了四款游戏，但是由于造价昂贵以及缺乏计算机的相关能力，这款头显最终没有投入生产。

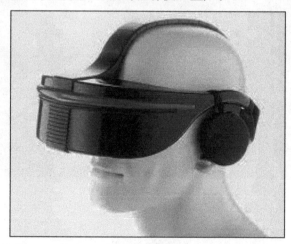

图 1-18

1.9.3 1995 年——VRML

VRML（Virtual Reality Markup Language，虚拟现实标记语言）是一种文本文件格式，用来链接 3D 世界，这和 **HTML**（**Hyper Text Markup Language，超文本标记语言**）链接页面很类似（见图 1-19）。通过 VRML 可以指定顶点、边、面的颜色、UV 映射纹理，还有3D 多边形的透明度等。此外，还可以触发动画效果和音效。

图　1-19

1.9.4　1995 年——任天堂 Virtual Boy

　　任天堂的 Virtual Boy 不具备头部跟踪功能，它是一种只能运行专门游戏的 3D 立体显示系统（见图 1-20），这种专门游戏只包含红和黑两种颜色。尽管发布了好几十种游戏，但因为系统用起来不舒服，加上无法共享游戏体验，所以 Virtual Boy 只在市场上坚持了两年就消失了。

图　1-20

1.9.5　1995 年——Hasbro 公司 Toaster

Hasbro 是一家玩具制造公司，在错过了 20 世纪八九十年代控制台游戏的繁荣期后，其还是想要进入这个遍地黄金的市场。它们设计了一套足以运行 VR 的基于 CD-ROM 的系统，还制作了 VR 原型机（见图 1-21）。在投入了大量的资金后，系统最终也没有发布，尽管其还为该系统制作了游戏 Night Trap。由于游戏制作费用如此之高，所以开发者竭尽所能想减少损失，就把它发布成了 Sega CD 系统。

图　1-21

1.9.6　2013 年——Oculus Rift

Palmer Lucky 很会利用对 VR 无尽的需求，如 PC 处理能力的迅速提高，物美价廉的业余爱好者硬件和电路板的出现，大屏幕的激增，高分辨率智能手机屏——迄今为止还是头显屏幕的主要构成，众筹模式的原始动力和包容性。这场技术、金钱、创意、激情和执行力的完美风暴，让他以 20 亿美元的高价将其公司卖给了 Facebook 公司。

Palmer 为重建 VR 需求做出了重要贡献，其引出了后来的 Cardboard、Gear、Daydream 和 HoloLens，我们将在本书其他地方对它们做详细介绍。

1.9.7　2014 年——Google Cardboard

当 Facebook 公司投资 20 亿美元将 Rift 推向市场时，Google 公司选择了一条不同的道路。Google Cardboard 是一个 HMD 套件：包含 2 个 40mm 焦距的透镜，及一张预先折好的模切纸盒。使用橡皮筋和 Velcro 尼龙搭扣带让设备保持紧闭的同时，还能够有效地支撑起用户的移动设备。因为价格低廉，只需要大概 9 美元，设计上又简单，所以 Google Cardboard 最终赢得了几百万用户的青睐。

从一开始发布以来，各种模仿品也一直保持了很低的价格，这也让 Google 公司转而为全美国的 K-8 学生进行教学资源的研发。

1.9.8　2015 年——三星 Gear VR

在 2005 年，三星公司获得了一个将手机用作头显的专利，这直接导致了 2015 年 11 月 Gear VR 的发布。Gear VR 需要与三星旗舰智能机配合使用，此外还需要集成校准轮和触控板来进行用户交互。

Oculus 兼容的三星设备支持运动到显示画面（Motion to Photon，MTP）延时不超过 20ms，优化后的硬件和内核，以及更高分辨率的图像渲染，其最初三个型号的视场角为 96°，SM-R323 及更新型号的视场角为 101°。

1.9.9　2018 年——Magic Leap

Magic Leap 是众多未发布头显中的一员，但是，它有 Google 公司提供的 20 亿美元巨资支持，还许诺称其 AR 体验将超过 HoloLens。关于这一系统，尽管除了一些概念证明视频外几乎没有什么可写的，但还是值得一提。

1.10　小结

本章我们一起回顾了一下虚拟现实的科技史，为构建新的 VR 体验做好了准备。在接下来的 6 章，我们将提供构建 4 个 VR 解决方案的详细教程。每个项目都给出了一系列步骤，详细描述了整个完成过程。然而，我们想强调的是，这仅仅是一个开始。希望你以本书为起点，开始你的创意之旅！

第 2 章
为 Google Cardboard 构建一个
"太阳系"

　　我们教学理念的核心是通过体验和思考进行学习（更知名的叫法是"体验式学习"）。在本书中，我们将通过完成完整的项目来探索虚拟现实开发过程，这些项目详细展示了 VR 的魅力以及 Unity 3D 引擎的易用性。你的任务就是利用这些项目作为自己工作的起点。跟着完成项目，反思开发过程，然后在它们的基础上进行拓展，以丰富自己的学习和在创造方面的好奇心。

　　我们探索的第一站，将是展示一个新发现的"太阳系"（TRAPPIST-1 星系与太阳系类似，包含七颗行星，为了便于理解，我们后面用"太阳系"的名称来指代）。该项目是一个透视画场景：用户漂浮在太空中，观察 TRAPPIST-1 行星系统中星球的运动（见图 2-1）。2017 年 2 月，天文学家宣布发现了一颗略大于木星的超冷矮星，在它周围有七颗行星围绕其运行。

　　我们将利用这些信息构建一个虚拟环境，并将其运行在 Google Cardboard（包括 Android 和 iOS 平台）或其他兼容设备上。

图 2-1　TRAPPIST-1 系统艺术渲染图

本章包括以下内容:

- **平台设置**:下载并安装在目标设备上以构建应用程序所需的一些平台相关软件。使用最新版本 Android 或 iOS SDK 的移动开发老手可跳过此步。
- **Google Cardboard 设置**:此开发工具包将使 Cardboard 设备上的显示和交互更加方便。
- **Unity 环境设置**:在 Unity 的 Project Settings 中进行初始化设置,为 VR 开发做好准备。
- **构建 TRAPPIST-1 系统**:设计和完成"太阳系"项目。
- **为目标设备构建应用**:在移动设备上构建并安装项目,并在 Google Cardboard 上进行查看。

2.1　平台设置

在我们构建"太阳系"之前,必须针对特定 VR 设备配置好计算机,这样才能正常构建可运行的应用。如果你从没构建过 Android 或 iOS 平台的 Unity 应用,你需要下载并安装对应平台的**软件开发包**(**Software Development Kit,SDK**)。SDK 是一个工具包,让你可以为特定软件包、硬件平台、游戏控制台或操作系统构建应用。安装 SDK 可能需要额外的工具或特定文件才能完成,而由于操作系统和硬件平台的更新和修正,这种需求也年年都在变化。

为了解决这一噩梦,Unity 维护了一大堆和平台相关的操作说明来简化设置过程。它们的详细操作说明清单包含以下平台:

- Apple Mac
- Apple TV
- Android
- iOS
- Samsung TV

- Standalone
- Tizen
- Web Player
- WebGL
- Windows

对于本项目,我们选择最为常见的移动设备(Android 或 iOS)进行构建。第一步是访问下面的其中一个链接,将你的计算机准备好:

- Android:安卓用户需要安装 Android Developer Studio、Java 虚拟机(Java Virtual Machine,JVM)和配套的驱动。详细操作说明及所需文件,可访问以下链接:https://docs.unity3d.com/Manual/Android-sdksetup.html。
- Apple iOS:iOS 是在 Mac 上构建的,这需要注册一个 Apple Developer 账户,以及最新版本的 Xcode 开发工具。但是,如果你之前已经成功构建过 iOS 应用,说明你的计算机早就符合要求。访问以下链接查看完整说明:https://docs.unity3d.com/Manual/iphone-GettingStarted.html。

2.2　Google Cardboard 设置

和 Unity 文档网站一样,Google 公司也维护了一份详尽的 Unity Google VR SDK 指南,里面包含了一系列工具和示例。此 SDK 在设备上提供以下功能：

- 用户头部跟踪。
- 双侧立体渲染。
- 用户交互检测（通过扳机或控制器）。
- 特定 VR 观众自动立体声配置。
- 扭曲校正。
- 陀螺漂移自动修正。

这些功能都包含在一个易用的软件包里，导入 Unity 场景即可使用。开始下一步前，先从以下链接下载 SDK：http://developers.google.com/cardboard/unity/download。

Unity Google VR SDK 的最新版本也可以从 Github 下载到。刚才的链接可以获取到最新版本的 SDK。但是，在以后开始新项目前，务必要检查一下 SDK 的需求和已安装 Unity 版本是否一致。

2.3 配置 Unity 环境

所有项目都是从启动 Unity 并创建一个新项目开始的。首先新建一个项目文件夹，其中包含了一些文件和文件夹：

1）启动 Unity。

2）载入启动画面后，选择 New 选项。

3）启动 Unity 应用来创建一个新项目。选择合适的路径，将项目保存为 Trappist1，如图 2-2 所示。

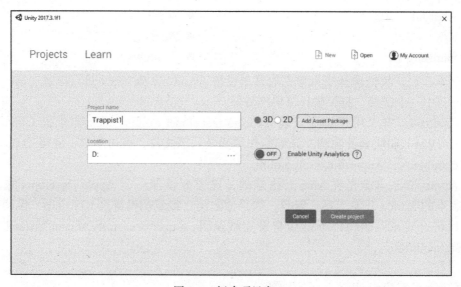

图 2-2 新建项目窗口

为了能够进行 VR 开发，我们还要调整 Build Settings 和 Player Settings... 窗口中的相

关设置。

4）通过 **File | Build Settings** 菜单打开 **Build Settings**。

5）为目标设备选择 **Platform**（iOS 或 Android）。

6）单击 **Switch Platform** 按钮使更改生效。右边栏的 Unity 图标表示当前所选平台。默认情况下，它会显示在 **Standalone** 选项旁边。切换后，图标将会显示为 Android 或 iOS 平台，如图 2-3 所示。

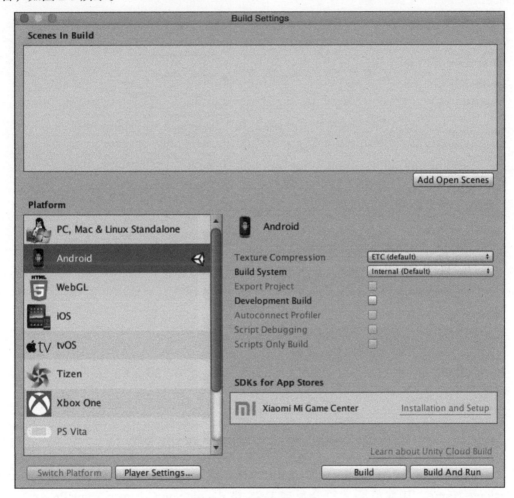

图 2-3　Build Settings 窗口

Android 开发人员要注意：Android 平台的标准纹理压缩格式是**爱立信纹理压缩**（**Ericsson Texture Compression，ETC**）。Unity 默认使用所有 Android 设备都支持的 ETC 格式，但是 ETC 格式并不支持透明通道纹理。ETC2 支持透明通道纹理，对于支持 OpenGL ES 3.0 的 Android 设备上的 RGB 纹理提供了更佳品质。

因为我们不需要透明通道纹理，所以在本项目使用默认的 ETC 格式。

1）单击窗口底部的 **Player Settings...** 按钮，将在 Inspector 面板中打开 **Player Settings**

面板。

2）向下滚动至 **Other Settings** 或 **XR Settings**，勾选 **Virtual Reality Supported** 复选框。

3）选择 Virtual Reality SDKs 时会有一系列选项。将 Cardboard 添加进列表，如图 2-4 所示。

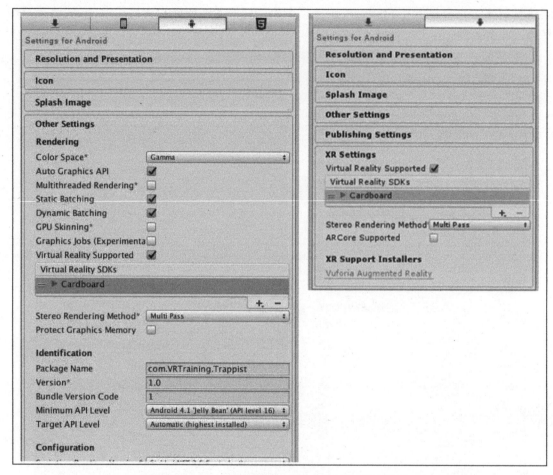

图 2-4　Unity 5.6 或 2017.1 以上版本 VR SDK 设置

4）你还需要在 **Other Settings** 的 **Identification** 部分创建一个有效的 **Bundle Identifier** 或 **Package Name**。其取值要求符合反向 DNS 格式 com.yourCompanyName.ProjectName，只允许使用字母数字、句点和连字符。必须更改默认值才能构建应用。

5）将 **Minimum API Level** 设为 **Android Nougat**（**API Level 24**），**Target API** 设为 **Automatic**。

6）关闭 **Build Settings** 窗口，保存项目后再继续下一步。

7）选择菜单 **Assets | Import Package | Custom Package...**，导入刚才从 http://developers.google.com/cardboard/unity/download 下载的 GoogleVRForUnity.unitypackage。软件包会开始解压构建 Cardboard 产品所需的脚本、资源和插件。

Android 开发者请注意：

包标识是唯一的。当构建 Android 应用并发布后，包标识就会成为应用的包名，并且不能更改。下面的 Android 文档链接描述了这一限制和其他方面的要求：http://developer.android.com/reference/android/content/pm/PackageInfo.html。

Apple 开发者请注意：

一旦你在 Xcode 个人团队中注册了一个包标识，同一包标识就不能再注册给另外的 Apple 开发编程团队。这意味着，当你使用免费苹果账号和个人团队测试游戏时，应该选择一个只供测试用的包标识，这个标识是不能用来发布游戏的。一个简单的做法是不管使用什么包标识，都在后面加上一个 Test，如 com.MyCompany.VRTrappistTest。当你发布应用时，包标识必须是唯一的，一旦应用提交到苹果商店，包标识将无法更改。

8）解压完毕后，选中所有选项并选择 **Import**。

一旦软件包安装完毕，在主菜单中就会出现一个 GoogleVR 新菜单。这样就能方便地访问 GoogleVR 文档和 **Editor Settings**。另外，在 Project 面板中还将出现一个名为 GoogleVR 的文件夹。

1）在 **Project** 中单击鼠标右键，选择 **Create | Folder** 添加以下文件夹：Materials、Scenes 和 Scripts。

2）选择 **File | Save Scenes** 保存默认场景。这里使用的是原来的场景名 Main Scene，将其保存至上一步创建的 Scenes 文件夹。

3）从主菜单中选择 **File | Save Project** 保存项目，至此，项目的设置部分就完成了。

2.4　构建 TRAPPIST-1 系统

既然配置好了 Unity 的构建设置，我们就可以开始构建太空主题 VR 环境了。设计项目时的关注点在于 VR 体验的构建和部署。如果你对 Unity 有了一定的了解，这个项目会很简单。当然，只是这么设计的。如果相对来说你是个新手，那么本项目中的基本 3D 物体、纹理和简单的旋转脚本将会很好地促进你对开发平台的理解。

1）从主菜单中选择 **Assets | Create | C# Script** 新建一个脚本。默认的脚本名称是 NewBehaviourScript。在 Project 窗口单击脚本，将其重命名为 OrbitController。最后，为了保持项目有序，我们将脚本拖放到 Scripts 文件夹。

2）双击打开 OrbitController 脚本进行编辑。这样做会打开一个单独的脚本编辑器应用，并载入脚本供开发者编辑。下面的代码为默认生成的脚本文本：

```
using System.Collections;
using System.Collections.Generic;
using UnityEngine;

public class OrbitController : MonoBehaviour {

    // 初始化操作
```

```
    void Start () {

    }

    // Update 方法每帧调用一次
    void Update () {

    }
}
```

将用这个脚本来确定各个行星在系统内的位置、转向及相对速度。我们先添加几个公共变量，具体的尺寸后期再行添加。

3）从第 7 行开始，加入以下 5 条语句：

```
public Transform orbitPivot;
public float orbitSpeed;
public float rotationSpeed;
public float planetRadius;
public float distFromStar;
```

我们很快就会用到这些变量，所以有必要解释一下各个变量的具体用途：

- orbitPivot 用于存储所有行星公转中心的对象位置（这里指 TRAPPIST-1 星球）。
- orbitalSpeed 用于控制行星绕恒星旋转的速度。
- rotationSpeed 用于控制行星自转速度。
- planetRadius 用于表示行星相对于地球的半径大小。
- distFromStar 用于表示与恒星的距离，单位是**天文单位**（**Astronomical Units，AU**）。

4）继续在 OrbitController 脚本的 Start( ) 方法中添加以下代码：

```
// 初始化操作
    void Start () {
// 沿着轨道路径生成一个随机位置
        Vector2 randomPosition = Random.insideUnitCircle;
        transform.position = new Vector3 (randomPosition.x, 0f,
        randomPosition.y) * distFromStar;

// 将游戏对象的大小设为行星的半径值
        transform.localScale = Vector3.one * planetRadius;
    }
```

如脚本中所示，Start( ) 方法用于设置每个行星的初始位置。我们将在创建行星时添加其具体尺寸信息，而这个脚本在运行时会自动提取这些值来设置各个行星对象的起始位置：

1）接下来修改 Update( ) 方法，再添加两行代码：

```
// Update 方法每帧调用一次。本段代码用于在运行时每帧更新一次行星位置
// runtime frame.
    void Update () {
        this.transform.RotateAround (orbitPivot.position,
        Vector3.up, orbitSpeed * Time.deltaTime);
        this.transform.Rotate (Vector3.up, rotationSpeed *
        Time.deltaTime);
    }
```

程序运行时每帧会调用一次本方法。在 Update（）方法内，每个对象在下一帧的位置是通过计算确定的。this.transform.RotateAround 使用恒星的轴点来确定当前游戏对象（脚本中用 this 标识）在本帧中应该出现的位置，然后用 this.transform.Rotate 更新从上一帧算起行星需要转过的角度。

2）保存脚本，返回 Unity。

现在我们有了第一个脚本，接着就开始创造恒星和它的行星吧！我们将使用 Unity 中的基础 3D 游戏对象来创建天体：

1）使用 **GameObject | 3D Object | Sphere** 新建一个球体，用来表示星球 TRAPPIST-1。它位于 "太阳系" 的中心，并且充当了七颗行星的轴点。

2）在 **Hierarchy** 窗口中对刚刚新建的 Sphere 对象单击鼠标右键，选择 **Rename**，将其重命名为 Star。

3）使用 **Inspector** 选项卡设置对象的属性值：**Position**：0,0,0，**Scale**：1,1,1。

4）选中 Star 对象，找到 **Inspector** 面板中的 **Add Component** 按钮。单击按钮并在搜索框中输入 orbitcontroller。双击出现的 OrbitController 脚本图标，这样该脚本就成为 Star 对象的一个组件了。

5）再用 **GameObject | 3D Object | Sphere** 新建一个球体，放置在场景内任意位置，保持默认尺寸为 1,1,1。重命名对象为 Planet b。

图 2-5 是从 TRAPPIST-1 的维基百科获取的，图中显示了各个行星的相对公转周期、到恒星的距离、半径和质量。我们将使用这些尺寸和名称来完成 VR 环境的设置。每个值都将作为它们关联游戏对象的公共变量进行输入。

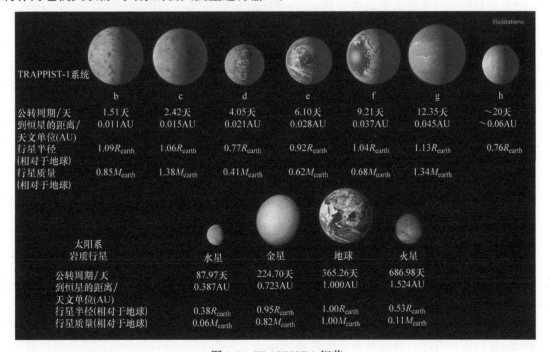

图 2-5　TRAPPIST-1 细节

6）将 OrbitController 脚本图标拖放到 **Scene** 窗口中的行星对象上或者 **Hierarchy** 窗口中的 Planet b 对象上，这样就将脚本应用到了 Planet b 上。

7）在 **Inspector** 面板中设置 Planet b 的 **Orbit Pivot** 点。单击 **Orbit Pivot** 字段旁边的目标选择器（见图 2-6），然后在对象列表中选择 Star。字段值将由 **None(Transform)** 变为 **Star(Transform)**。脚本将使用所选对象的原点位置作为它的轴点。

8）返回并选中 Star 游戏对象，将其 **Orbit Pivot** 设为 Star，过程和 Planet b 的设置一样。

9）保存场景。

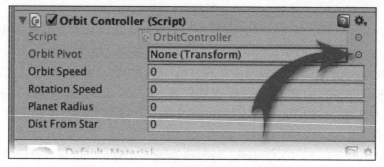

图 2-6　OrbitController 脚本中的目标选择器

现在我们有了一个挂载了 OrbitController 脚本的行星模板，创建剩下的行星就好办了：

1）鼠标右键单击对象并选择 **Duplicate**，将 Planet b 对象复制 6 次。

2）将复制的对象依次重命名为 Planet c~Planet h。

3）为每个游戏对象设置其公共变量，具体值见表 2-1。

表 2-1　TRAPPIST-1 游戏对象 Transform 的设置

游戏对象	Orbit Speed	Rotation Speed	Planet Radius	Dist From Star
Star	0	2	6	0
Planet b	0.151	5	0.85	11
Planet c	0.242	5	1.38	15
Planet d	0.405	5	0.41	21
Planet e	0.61	5	0.62	28
Planet f	0.921	5	0.68	37
Planet g	1.235	5	1.34	45
Planet h	1.80	5	0.76	60

4）鼠标右键单击 **Hierarchy** 面板并选择 **Create Empty**，新建一个空对象，用于使 **Hierarchy** 窗口保持有序。将空对象重命名为 Planets，并把 Planet b~Planet h 拖放到空对象下。

到这就完成了"太阳系"的布局，然后我们就可以集中精力为静态玩家设置位置。由于玩家不能移动，我们必须在场景中选定一个最佳观察点。

5）运行一下程序。

6）图 2-7 所示为构建和编辑场景的界面布局。场景运行时选中 Main Camera，使用移动和旋转工具调整 Scene 窗口中摄像机的位置，或者在 **Transform** 字段中直接进行修改。或者是在 Game 窗口中找到一个具有大行动视野的位置，又或是一个很有趣的有利位置。

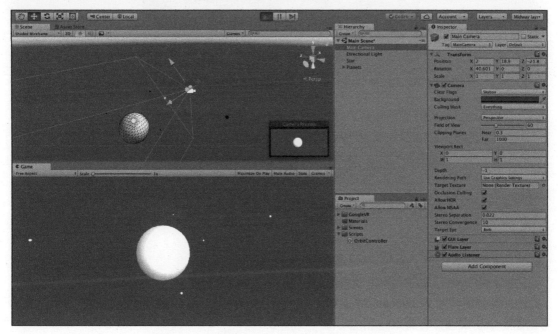

图 2-7　TRAPPIST-1 系统的 Scene 和 Game 窗口

TIP　找到理想位置后不要马上停止程序。停止程序将会使 Transform 字段恢复原值。

7）单击 **Transform** 面板右侧的小齿轮并选择 **Copy Component**（见图 2-8）。这样会将组件设置复制到剪贴板上。

8）停止程序。你将注意到 Main Camera 的 Position 和 Rotation 都恢复了原值。再次单击 Transform 的小齿轮图标，选择**Paste Component Values**，将 **Transform** 字段设为理想值。

9）保存场景和项目。

你可能已经注意到我们无法区分行星的旋转是快是慢，这是因为现在的行星只是些简单的球体，没有任何细节。这可以通过给每个行星添加纹理来解决。因为我们确实不知道行星的样子，所以我们采取了一种创造性的方法——只求美感，而不那么在意科学精准性。用互联网去获取我们需要的图片是一个很好的主意。在网上简单地搜索"行星纹理"，立马会跳出几千条结果。从中挑出几张图片用来制作行星和 TRAPPIST-1 恒星的纹理：

1）打开浏览器，搜索 planet textures。每个行星需要一张纹理图片，恒星也需要一张。将图片下载到计算机，重命名时使用一些便于记忆的名字（如 planet_b_mat 等）。或者，也可以直接从支持网站的 Resources 页面下载整套纹理：http://zephyr9.pairsite.com/vrblueprints/Trappist1/。

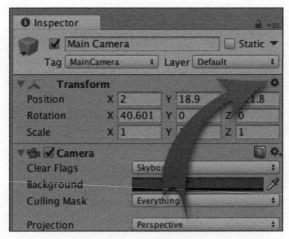

图 2-8　Transform 选项的位置

2）将图片复制到 Trappist1/Assets/Materials 文件夹。

3）返回 Unity，在 **Project** 面板中打开 Materials 文件夹。

4）将纹理拖放到 **Hierarchy** 面板中相应的游戏对象上。注意到你每拖放一次，Unity 将创建一个新纹理并将其赋给相应对象（见图 2-9）。

图 2-9　行星和恒星赋予纹理后的 Scene 窗口

5）再次运行程序，观察行星的运动。调整行星的 **Orbit Speed** 和 **Rotation Speed**，使

其看上去更加自然。在这里允许有一些创造性，多倾向于场景的美学品质，而非科学的精准性。

6）保存场景和项目。

终于到了最后一个设计环节，我们将使用 **Skybox** 添加一个太空主题背景。Skybox 是一种渲染组件，用来为 Unity 场景创建背景。它们所展示的是处于 3D 模型之上的世界，用于营造一个和设计相匹配的整体氛围。

通过使用各种图片程序和应用，Skybox 可以由纯色、渐变色或图片构成。至于本项目，我们在 Asset Store 中找了一个合适的组件：

1）从 **Window** 菜单中载入 **Asset Store**。输入 space skybox price:0 搜索免费的太空主题 Skybox。选择一个包，然后使用 **Download** 按钮将其导入到场景中。

2）从主菜单中选择 **Window | Lighting | Settings**。

3）在 **Scene** 部分，单击 **Skybox Material** 的目标选择器，选择新下载的 Skybox（见图 2-10）。

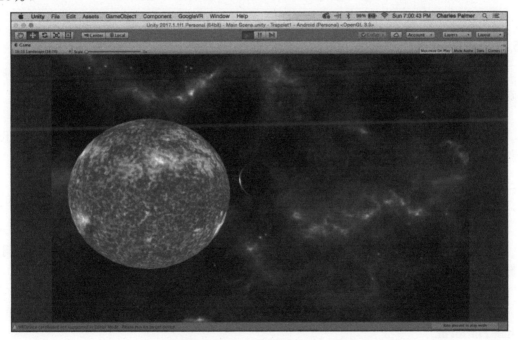

图 2-10　安装 Skybox 后的 Game 窗口

4）保存场景和项目。

最后一步完成后，项目的设计和开发阶段就结束了。下一步，我们将继续学习应用的构建，并把构建好的应用传到设备上。

2.5　构建应用程序

想要在 VR 中体验开发好的程序，我们需要将场景运行在头戴式显示器上进行立体显示。应用程序需要编译正确的视图参数、捕捉并处理头部跟踪数据，还要进行视觉扭曲修正。当你考虑的 VR 设备数量和我们将要说明的数量一样多时，这个任务不可谓不艰巨。

幸运的是，Google VR 提供了一个易用插件让这一切变得非常简单。

移动应用的构建过程取决于目标移动平台。如果你在移动设备上已经成功安装过构建好的 Unity 应用程序，说明大部分步骤都已经满足，只有少数几步会提示你要更新一下软件。

> 注意：Unity 是一个非常棒的软件平台，具有丰富的社区资源，以及专业的开发人员。在撰写本书的过程中，Unity 软件版本不断更新，VR 开发过程也经历了诸多变化。尽管我们说明了简要的构建步骤，不过去 Google 的 VR 文档查看最新的软件更新和详细说明还是很有必要：
> Android：https://developers.google.cn/vr/devolop/unity/get-started-android。
> iOS：https://developers.google.cn /vr/devolop/unity/get-started-ios。

2.5.1　Android 操作步骤

如果你刚开始用 Unity 构建应用，我们建议先从 Android 平台开始。将 Unity 项目导出到 Android 设备上运行的整个过程简短而直接：

1）在 Android 设备上，导航到**设置** | **关于手机或设置** | **关于设备** | **软件信息**。

2）向下滚动找到版本号，单击 7 次，这时会出现一个弹窗，用于确认手机现已处于开发者模式。

3）现在导航到**设置** | **开发者选项** | **调试**，然后启用 **USB 调试**。

2.5.1.1　构建 Android 应用

1）在项目文件夹（和 Asset 文件夹同一层次）中新建一个 Build 文件夹。

2）通过 USB 数据线将 Android 设备连接到计算机。你可能会看到一个打开 **USB 调试**的确认提示，单击**确定**。

3）在 Unity 中，选择 **File|Build Settings** 打开 Build 对话框。

4）确认 **Platform** 中选择的是 **Android** 平台。如果不是的话选中 Android 后单击 **Switch Platform**。

5）注意此时对话框中应该已经加载并勾选了 Scenes/Main Scene。如果没有的话，单击 **Add Open Scenes** 按钮，把 **Main Scene** 添加到后期要构建的场景列表中。

6）单击 Bulid 按钮，最后会生成一个 .apk 格式的 Android 可执行应用程序。

2.5.1.2　Android 报错处理

有些 Android 用户上报过关于 Android SDK 工具包位置的错误。在 Unity 2017.1 之前的版本已经确认过这一问题。如果出现了这个问题，最好的解决办法是降级 SDK 工具包。主要步骤如下：

1）找到并删除 Android SDK 的 Tools 文件夹（Android SDK 根目录 /tools）。具体位置和 Android SDK 的安装位置有关。例如，我计算机上的 Tools 文件夹位于 C:\Users\cpalmer\AppData\Local\Android\sdk 目录下。

2）下载 SDK 工具包：http://dl-ssl.google.com/android/repository/tools_r25.2.5-windows.zip。

3）将压缩包解压至 SDK 根目录下。

4）再次尝试构建项目。

如果这是你首次构建 Android 应用，你可能会遇到一个错误，提示你 Unity 无法找到 Android SDK 根目录。解决步骤如下：

1）取消构建过程，然后关闭 **Build Settings...** 窗口。

2）从主菜单中选择 **Edit | Preferences...**。

3）选择 **External Tools**，下拉至 **Android**。

4）输入 Android SDK 根目录路径。如果还没有安装 SDK，单击下载按钮，按步骤安装即可。

将应用安装到手机上，再把手机装进 Cardboard 设备中，就可以开始体验了（见图 2-11）。

图 2-11　Android 设备上显示的立体视图

2.5.2　iOS 操作步骤

iOS 应用的构建过程比 Android 应用更加复杂，包括两种构建类型：

1）测试类构建。

2）发布类构建（需要拥有 Apple 开发者许可证）。

无论哪种情况，想要构建 iOS 应用，都需要做好以下准备：

- 运行 OS X 10.11 或更新版本的 Mac 计算机。
- 最新版本的 Xcode。
- 一台 iOS 设备和一根 USB 数据线。
- 一个 Apple 账号。
- Unity 项目。

这个演示中我们将构建一个测试应用，并假定你已经完成了的入门练习（https://docs.unity3d.com/Manual/iphone-GettingStarted.html）。如果你没有 Apple ID，可以到官网（https://appleid.apple.com/）获取一个。获取 Apple ID 后，必须将其添加到 Xcode 中：

1）打开 Xcode。

2）从屏幕顶部菜单栏选择 **Xcode | Preferences**，打开 **Preferences** 窗口。

3）在窗口顶部选择 **Accounts**，显示添加到 Xcode 的 Apple ID 信息。

4）如果要添加 Apple ID，单击左下角的加号，然后选择 **Add Apple ID**。

5）在弹出的窗口中输入你的 Apple ID 和密码。

6）输入正确后，你的 Apple ID 将出现在列表中。

7）选中 Apple ID。

8）Team 标题下列出了苹果开发者程序团队。如果使用的是免费 Apple ID，你会被分配为个人团队。否则，在 Apple 开发者程序中会显示为你加入的那个团队。

2.5.2.1　iOS 开发前 Unity 项目准备工作

1）在 Unity 中，从顶部菜单（**File | Build Settings**）打开 **Build Settings**。

2）确保 **Platform** 设置为 **iOS**。如果没有的话，先选中 **iOS**，然后单击窗口底部的 **Switch Platform**。

3）选择 **Build & Run** 按钮。

2.5.2.2　构建 iOS 应用

1）Unity 项目启动时 Xcode 也会一起启动。

2）选择你所在的平台，按照标准流程在 Xcode 中构建应用。

3）在手机里安装应用，然后把手机装入 Cardboard 设备进行测试。

2.6　小结

本书的目标是提供一种 VR 开发的体验式学习方法。我们希望对你的学习进行引导，同时我们也将提供很多机会强化你的学习，书中会有额外的创造性挑战，另外还提供了用于扩展本书项目的一些外部资源链接。

本章我们学习了开发 VR 体验的 Unity 基本流程。我们提供了一个静态的解决方案，这样才好把注意力集中在开发流程上。Cardboard 平台让用户可以在手机上体验 VR 内容，它还支持触摸和凝视控制，这是下一章要探索的内容。第 2 个项目的内容是一个互动式画廊，计划运行在三星 Gear VR 上，但是在 Google Cardboard 上也能正常运行。

第3章
为 Gear VR 构建图片画廊系统

虚拟现实不仅是创造新的环境，它还能够用来和别人分享现实世界的体验。借助一系列 VR 成像技术，你可以观察一场新奥尔良街头活动、在大堡礁和海龟一起游泳、在前线驾驶悍马，或者是在高出埃菲尔铁塔的位置俯瞰巴黎。带着这些想法，我们来构建下一个项目——一个 360° 沉浸式画廊（见图 3-1）。

在这个项目中，我们将介绍以下概念：

● VR 中的用户交互。

● 等距图像。

● 三星 Gear VR 开发流程。

图 3-1　VR 画廊项目中的 Scene 和 Game 视图

3.1　虚拟图片画廊

我们将在这个项目中创造一种静态的 VR 体验，用户可以在图片画廊中观看各种图片。这是一个借鉴了诸多不同应用的简单项目，从旅行幻灯片到员工培训，再到 Where's Waldo 类型的游戏。所有用例中，最为重要的体验属性都是用户交互。默认情况下，VR 体验中首要的交互是头部运动，用户通过有限而自然的头部动作来控制看到的虚拟环境。这种程度的沉浸非常有效，因为当虚拟世界成功模拟出我们预期的真实世界时，就能让我们产生置身真实世界的错觉。也就是如果你把头转向右边，世界会向左平移。如果立体显示时不能实现这种简单交互，将无法欺骗我们的大脑将其体验信以为真。

3.1.1 三星 Gear VR 平台

这一项目我们将采用三星 Gear VR 作为运行最终应用的平台。相对 Google Cardboard 而言，Gear VR 具有诸多优点，最显著的是其结实而舒适的外形、更宽的视野、便于调整的束带、音量控制，以及用于交互的集成按钮，如图 3-2 所示。Gear VR 也是由 Oculus 提供技术支持并能链接到 Oculus Home（用于浏览和启动已购买应用的交互式桌面和菜单系统）。

图 3-2　带控制器的三星 Gear VR

3.1.2 过程概览

虚拟画廊的制作将跨越两个章节。在第一部分我们主要关注环境和项目资源的构建，之后我们再继续学习第二部分。第二部分将进行脚本的添加和最后的润色，使项目可以在移动设备上运行。本章将讨论以下内容：

- VR 入门。
- VR 开发前准备。
- 获取 Oculus VR 插件。
- 构建全景 Skybox。
- 制作 Gallery 预制件。
- 构建画廊。

3.2　VR 入门

首先进行 Unity 环境的配置，这是 Unity 项目开发中的一个常见过程，包括创建新的项目文件和添加资源文件夹。入门步骤如下：

1）创建一个新的 Unity 项目，并命名为 VRGallery。

2）在 **Project** 面板中新建以下文件夹：

- Materials

- Prefabs
- Scenes
- Scripts

3）保存场景为 WIP_1，并将其移入 Scenes 文件夹。为了辅助调试，我们会陆续制作场景的增量版本。

在 Asset 目录下建立有序的文件夹结构将会节省你大量的时间和精力，这通常是新建项目后的第一步工作。正常情况下，我们还会新建一个 Texture 目录，但是这次我们将从网站提供的资源文件里导入示例纹理。

4）从画廊图片的 GitHub 库中下载 GalleryImages 包。

这个包包含了项目中用到的范例图片。使用 Unity 包在项目和开发者之间共享资源非常方便。我最欣赏 Unity 的一点就是其项目文件可以跨平台使用。由于文件结构和内容都是与平台无关的，所以无须为 Windows、Mac 和 Linux 创建单独的文件，只要下载后打开或是导入到兼容版本的 Unity 中即可。按照以下步骤进行导入：

1）从主菜单选择 **Assets | Import Package | Custom Package...**，导航到 GalleryImages 包。

2）在 **Unity Import Package** 窗口中确认选中全部资源，再单击 **Import** 按钮。这将会新建一个 GalleryImages 文件夹，其中包含了项目所需的前景和背景图片，如图 3-3 所示。

图 3-3　基本项目文件

3.3　VR 开发前准备

本项目的可交付成果是运行在三星 Gear VR 上的 VR 应用。为了完成目标，我们必须修改构建设置来适配 Android 移动设备，还要将 Oculus VR 插件载入场景中。步骤如下：

1）从 **File** 菜单中选择 **Build Settings…**。

2）从 **Platform** 列表中选择 **Android**，并从 **Texture Compression** 下拉菜单中选择 **ASTC**。

3）单击 **Switch Platform** 按钮，使更改生效。

4）保存场景和项目。

3.4 获取 Oculus SDK

Unity 对市场上大部分 VR 设备都提供内置支持。另外，Oculus 还提供了包含各种资源（脚本、预制件、演示场景等）的工具包，使 Rift 和三星 Gear VR 的开发更为便利。通过从 Asset Store 导入 Oculus 集成插件可以完成工具包的安装，或者直接从 https://developer.oculus.com/downloads/unity/ 下载 Oculus Utilities for Unity 进行安装。

Unity 平台在不断地改进和完善，主版本经常更新。集成 OVRPlugin 的步骤如下：

1）在 **Asset Store** 中搜索 Oculus Integration plugin。

2）选择包后单击 **Import** 按钮。

Import Unity Package 窗口（见图 3-4）将显示包中所有资源。

3）向下滚动到大概一半的位置，取消勾选 **Scenes** 目录。本项目不需要该目录中的文件。最后，单击窗口底部的 **Import** 按钮。

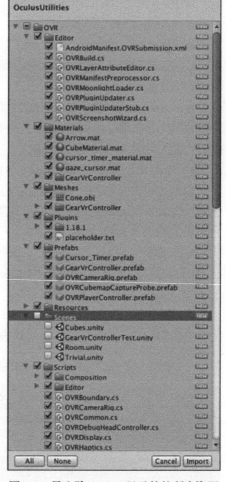

图 3-4　导入除 Scenes 目录外的所有资源

 添加包时很可能会要求更新其中的一些 Oculus 脚本。在 API Update Required 对话框中选择 **Go ahead**，对过时脚本进行更新。

如果有对话框要求更新 Oculus Utilities Plugin，选择 **Yes**，然后重启 Unity。

完成导入后，**Project** 窗口中将出现许多新的文件和目录。一定要记住不要移动这些文件和文件夹的位置，因为一旦移动将导致软件无法解析脚本位置，从而引发错误。现在，执行以下步骤：

1）删除 Main Camera 对象。

2）浏览 **Project** 面板，找到 OVR/Prefabs 目录。将其中的 OVRCameraRig 预制件拖入 **Scene** 窗口。

OVRPlugin 包中包含了许多游戏对象、脚本和预制件，意在为内容创作者创造新的 VR 体验提供必要的工具。OVRCameraRig 包含了控制 VR 体验的摄像机和多个其他对象。在 VR 环境里，摄像机将充当用户的观察窗。

Game 窗口将在添加该预制件后立刻显示出场景中的图像：

1）在 Inspector 窗口中将 OVRCameraRig 的位置设置为（0，0，-1.5）。

2）保存 Unity 场景。

3）使用 **File| Save Scene** 菜单将场景保存为 WIP_2。

3.5　制作全景 Skybox

默认情况下，Unity 场景中在一开始就会有地面、地平线、天空和太阳这些物体。但这些并不是单独的物体，而是映射到一个立方体内部的全景纹理，我们把它叫作 **Skybox**。Skybox 作为背景位于所有其他物体的后面，并会旋转其角度以匹配摄像机的朝向。如果 Skybox 制作得当，可以在场景中创造出很好的沉浸效果。

Skybox 的纹理可以由 6 张两两互成 90°的照片拼接而成，也可以由单张 360°**等距全景图片**组成（见图 3-5）。采用 6 张照片的方法称为立方体映射，可以在同一位置拍摄上下左右前后 6 个不同方向的图片。等距图片是通过 3D 拍摄或按 3D 投影关系由多张图片缝合而成。

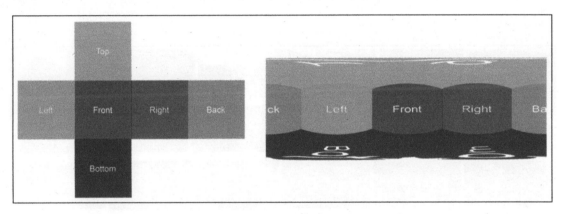

图 3-5　立方体映射（左）和等距图片（右）对比

等距全景图片是一种投影图，图中垂直线还是保持垂直，而地平线则变成横跨图片中央的一条直线。图 3-5 显示了图片中坐标如何通过平移和倾斜角度以线性相关到真实世界中。极点位于顶边和底边，其长度被拉伸至图片完整宽度。极点附近的区域被水平拉伸。在图 3-6 中我们可以看到这种变换是如何应用到全景图片中的。

等距图片是许多全景相机的默认输出格式。然而，即使是通过 DSLR 或智能手机拍摄的照片经过编辑后也可以满足我们的需要。拍摄过程中的一个重要因素是图片在水平方向覆盖 360°，而在垂直方向覆盖 180°，这使得图片最终的长宽比为 2：1。如果要在本项目中使用自己的图片，请保证文件的高度和宽度值处于 1024×512 和 8192×4096 之间。

互联网上可以找到很多这种类型的图片库。本教程中也提供了几张等距图片，但是你完全可以自己制作，或是从网上搜索，只要适合项目主题即可。图 3-7 为在网络搜索中输入"等距图片"后的结果。

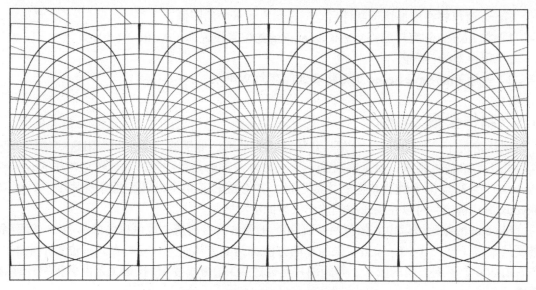

图 3-6　等距全景图片中的坐标系

图 3-7　等距图片

如果你使用自己制作的图片，需要先把它导入 Unity 项目，并存储在 GalleryImages/Background 文件夹中。

1）从 Project/GalleryImages/Background 目录选择一张图片。

Background 目录包含了用作虚拟画廊背景的示例等距图片，完全可以用别的全景图片。需要注意的是，在使用自己图片时要满足 2∶1 的长宽比要求。

2）在 **Inspector** 面板中将 **Texture Shape** 从 **2D** 改为 **Cube**。

3）单击 **Apply** 按钮。

4）新建一个材质 Backdrop，并将其移入 Materials 文件夹。

5）将 **Backdrop** 的 **Shader** 从 **Standard** 改为 **Skybox | Cubemap**（见图 3-8）。

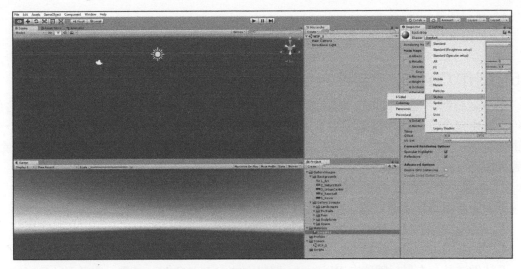

图 3-8　将新材质的 Shader 属性设置为 Skybox | Cubemap

6）保持材质为选中状态，在 Cubemap 图标预览中单击 **Select** 按钮。在选择框中选择 **Backdrop**，完成 Skybox 设置。

新建 Skybox 后，就可以把它设置到场景中了，步骤如下：

1）选择 **Window | Lightning | Settings**，打开 **Lighting** 面板。

2）单击 **Skybox Material** 选择目标来访问场景中的 Skybox。

3）双击 **Backdrop** 将 Skybox 应用到场景中。

Backdrop Skybox 现在将同时显示在 **Scene** 和 **Game** 窗口中，如图 3-9 所示。在 **Scene** 窗口中单击鼠标右键并拖动鼠标，预览一下环境。Skybox 就位后，我们接着就可以去新建一个 VR 摄像机。

图 3-9　用作 Skybox 的 1_Art 图片

1）保存场景和项目。

2）使用 **File | Save Scene** 将场景保存为 WIP_3。

3.6 制作 Gallery 预制件

项目运行时，每个 gallery 对象都可以展示多张图片。各个 gallery 对象都是独立的预制件，其中包含了缩略图预览、用于用户交互的脚本，以及一个分类标题。下面的几个步骤讲的是第一个画廊的构建。一旦完成后，这些对象将制成预制件，用来创建其余的画廊，画廊的内容可以各不相同。

1）新建一个空对象 GalleryHolder。

该对象是画廊的主要容器，所有图片和画布将存储在这个容器内。

2）将 GalleryHolder 移至（0，0，0）。

3）在 GalleryHolder 对象上添加一个 **Canvas**，并命名为 Gallery。

具体做法是：右鼠标键单击 **Hierarchy** 窗口中的 GalleryHolder 对象，选择 **UI | Canvas**。

4）在 **Inspector** 面板中将画布对象重命名为 Gallery。

对于单个画廊来说，画布将是所有 UI 元素的父对象，所有我们需要构建并显示给用户的元素都包括在其中。这是第一个类别的图片，随后我们会用它来复制出其他画廊。最终的画廊将包含 1 个大的图片显示区域和 5 个小的缩略图区域，如图 3-10 所示。

创建画布时将会在 Hierarchy 面板中同时创建 EventSystem 对象，我们不需要对其做任何修改或调整。其作用是管理场景内的各种事件处理，它需要和其他几个模块联合起来才能工作，所以不能被删除。

图 3-10　Gallery 对象布局示意图

5）将 **Canvas Render Mode** 设置为 **World Space**：选择 Gallery 对象，在 **Inspector** 面板中找到 **Canvas** 组件，然后将 **Render Mode** 改为 **World Space**。

Render Mode 用于控制画布在场景中如何显示。一共有三个选项：

● **Screen Space – Overlay**：默认是 Overlay 模式，此时画布直接绘制在场景的最上层。当创建的 UI 必须根据场景的分辨率或尺度改变时，这一模式比较合适。

● **Screen Space – Camera**：和 Overlay 模式一样，该模式下的物体也是绘制在场景的最上层，区别在于画布可以设置在摄像机的特定距离处。这意味着除了受场景摄像机尺度和分辨率影响外，UI 元素还受操作摄像机视野和截锥造成的透视效果及变形的影响。

● **World Space**：画布的行为将和场景中其他元素一样，并能够嵌入到世界中。其大小可以通过拖动来设置，而非与摄像机和场景绑定。因为我们希望 UI 元素在空间中固定住，所以这里需要使用该模式。当用户移动头部改变视角时，UI 元素将固定在特定位置。

6）选中 Gallery 画布，然后在 Canvas 组件中选择 Event Camera 目标选择器。在选择摄像机列表中双击 CenterEyeAnchor。图 3-11 所示为 Gallery 对象的 **Canvas** 和 **Canvas Scaler**
脚本组件。

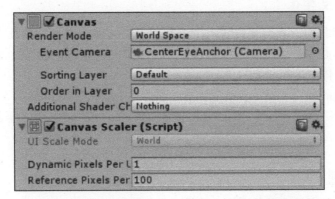

图 3-11　Gallery 对象的 Canvas 和 Canvas Scaler 脚本组件

 CenterEyeAnchor 对象是 OVRCameraRig 内的一个预制件，其位置与左右两个摄像头的中点正好重合，用来产生模拟视觉。

7）按照图 3-12 中的值设置好位置、大小、轴点、朝向及尺度等参数。

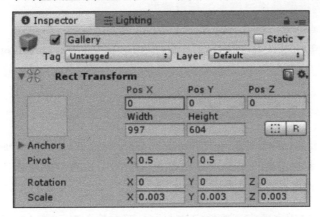

图 3-12　Gallery 对象中 Rect Transform 设置

　　默认情况下，Canvas 对象会被缩放到覆盖摄像机的整个视野。为了适合玩家观看，必须适当缩小 Gallery 对象。本例中我们将缩放系数设置为 0.003，使视野里能够放下 3 个画廊。你的项目里需要的值可能会不一样，这取决于你要显示的画廊数量，以及它们到 OVR-CameraRig 的距离。

　　8）保存场景和项目。

　　你可能已经注意到，在 **Game** 窗口中 Gallery 对象几乎是不可见的。这是因为 Gallery 对象只是一个用于存放 UI 元素的容器，UI 元素才是要展现给用户看的东西。如果里面没有图片或文本，就只能在 **Scene** 窗口看到一个带细白边的矩形。完成下一步字体安装后，我们将创建一些可以用脚本动态更新和控制的 UI 元素。

3.6.1 可选自定义字体

在创建新的对象前，我们来说说一个可能用得上的可选资源。如果项目中需要一些特殊字体，这些字体必须作为资源添加到项目中。如果没有添加，最终的 .apk 文件将显示移动设备中的默认字体。这将和你的预期排版不符。

1）【可选（Option）】在 **Project** 窗口中，添加一个新文件夹 Fonts。

2）【可选】将 TrueType 或 OpenType 字体文件（.ttf 或 .otf）导入至刚刚新建的 Fonts 文件夹。

3.7 构建画廊

我们现在准备好了构建其他画廊。具体步骤如下：

选择 Gallery 对象，单击鼠标右键并选择 **UI | Text** 添加一个子对象。

这会在 Gallery 对象内创建一个文本对象。调整文本对象的属性：

- 重命名为 CategoryTitle。
- 在 **Rect Transform** 组件中设置 Position 的 Y 值为 252。
- 将 **Text** 脚本组件中的 New Text 文本改为 Category Title。需要注意的是这个文本只是个占位符，真正的标题是通过脚本进行设置的。
- 在 **Character** 部分，选择你喜欢的 **Font** 和 **Font Style**。
- 在 **Paragraph** 部分中将 **Horizontal Overflow** 及 **Vertical Overflow** 设置为 **Overflow**。默认值是 **Wrap**，此时将在 **Text** 对象空间内显示分类名称文本。现在修改文本值将更有助于确定所需的字体大小。
- 将 **Font Size** 设置为 60 或者其他适合你文本的字体大小。

> 如果 **Horizontal Overflow** 及 **Vertical Overflow** 被设置为 **Wrap**，在选择字体大小时，文本会消失一部分。这是因为调整大小后的字体超出了文本字段的大小，所以多余的内容会被截断。

有一个好方法可以用来确定正确的字体大小，即在各个 **Text** 脚本字段输入该字段可能的最大长度的文本字符串。这个方法可以帮你轻松地判断出文本行的长度以及画布之间的间距。你可能需要调整好几次才能确定合适的值，但是从一开始就使用这个方法会大有帮助：

- 将 Paragraph Alignment 设置为左右和上下居中。
- 最后设置一个和场景匹配的字体颜色。本例中，我们将分类标题设置为白色正常样式的 60 磅 ClearSans 加粗字体。

3.7.1 制作图片显示元素（FullImage 对象）

现在是时候创建图片显示元素了，具体步骤如下：

1）再次选中 Gallery 对象。

2）单击鼠标右键并选择 **UI | Image** 添加另外一个子对象。这会在 Gallery 对象内新建一个 100×100 像素的空白图片对象。由于我们并未指定图片来源，所以现在只在 Gallery 中间显示一个白色的矩形。调整图片对象的属性如下：

● 将对象重命名为 FullImage。

● 设置下列属性值：**Y Position**=30，**Width**=604，**Height**=340。

现在有了存放主图的容器，下面开始构建存放预览图的容器。当应用运行时，用户可以选择这些缩略图从而指定要浏览的图片。每一格预览窗口都填充了一张 2D Sprite 图片，用于切换当前显示的 FullImage 对象。在 **Project | Gallery** 图片目录下已包含继续本项目所需的示例图片。当然，也可以导入自己的图片，然后继续以下步骤。

1）在 Gallery 画布中再新建一个空对象 PreviewHolder。

2）将其位置设置为（0，-220，0）。

3）添加对齐组件。

为了让 Gallery 预制件更加通用，我们要让它能够支持存放可变数量的图片，这将通过两个 Unity 内置脚本组件来实现。选中 PreviewHolder 对象，然后在 **Inspector** 面板中单击 **Add Component** 按钮，为其添加以下两个组件（见图 3-13）：

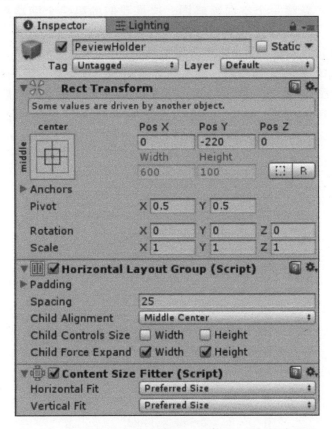

图 3-13　PreviewHolder 对象的 Rect Transform 及其他组件

● **Horizontal Layout Group**（脚本）：Horizontal Layout Group 组件为多个子元素设置了一种结构化布局。各元素根据脚本组件属性横向放置在一些格子中。具体属性如下：

- ■ **Spacing**：25。
- ■ **Child Alignment**：**Middle Center**。
- ■ 确认 **Child Force Expand** 中的 **Width** 和 **Height** 都已勾选。

● **Content Size Fitter**（脚本）：和 Horizontal Layout Group 组件一样，Content Size Fitter 也是用来组织预览缩略图的位置和布局的。本例中，该组件用于确定 PreviewHolder 内部子元素是如何适配的。具体参数如下：

- ● **Horizontal Fit**：**Preferred Size**。
- ● **Vertical Fit**：**Preferred Size**。

需要注意的是，因为我们使用了 **Horizontal Layout Group** 和 **Content Size Fitter** 脚本组件，所以无须设置 PreviewHolder 的大小。其大小将随着 PreviewHolder 上绑定子元素的数量而变化。另外，在 PreviewHolder 中子对象将自动左右和上下居中对齐。

4）创建图片缩略图容器。

● 和 FullImage 对象类似，每个缩略图都是一张 UI 图片。鼠标右键单击 PreviewHolder 并选择 **UI | Image**，新建一个空白缩略图。这是我们的第一个缩略图，将其重命名为 Preview（1）。

5）向 Preview（1）对象添加一个空白脚本 ImageSelector。

● 用户可以单击所有的缩略图。脚本内容将在下一章介绍，现在我们仅仅是在复制 **Preview** 缩略图前添加一个空白脚本文件。选择 Preview（1）对象，然后在 **Inspector** 窗口中单击 **Add Component** 按钮。在弹出菜单中选择 **New Script**，将脚本命名为 ImageSelector（见图 3-14），并确保选择的语言是 **C Sharp**（C#）。最后，选择 **Create and Add** 按钮结束本步骤。

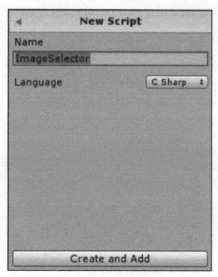

图 3-14　新建脚本

6）将 ImageSelector 脚本移入 Scripts 文件夹。

7）将 Preview（1）对象复制 4 次，最终产生 5 个缩略图对象（见图 3-15）。

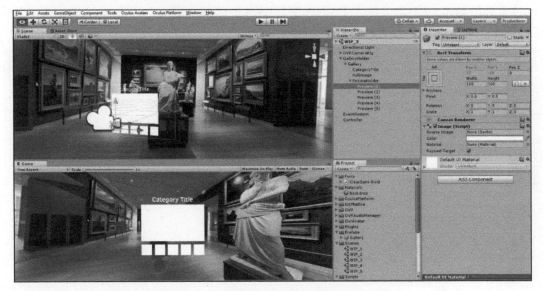

图 3-15　只含一个 Gallery 对象的 GalleryHolder

3.7.2　制作控制器及场景控制器脚本

我们要创建的最后一个对象是场景控制器及挂载在它身上的 SceneController 脚本。通常用 Controller 对象来作为不挂载在任何对象身上的脚本库，这些脚本一般只监听场景中特定的动作（如来自玩家的动作），并管理多个实例（如 AI 对象生成的实例）：

1）在 **Hierarchy** 窗口新建一个空对象 Controller。

2）向 Controller 添加一个空脚本 SceneController。这是我们的最后一个脚本，和 Image-eSelector 一样，我们将在下一章编辑其具体内容。

3）将 SceneController 脚本移入 Scripts 文件夹。

4）保存场景和项目。

5）使用 **File | Save Scene** 将场景保存为 WIP_4。

现在我们有了一个完整版 Gallery 对象，就可以开始构建更多的画廊，以存放其他标题、图片和缩略图。

3.7.3　制作 Gallery 预制件

Gallery 对象结构已经设计好了，只要完成其他画廊就能把场景构建出来。我们将之前的 Gallery 对象制成预制件，而不是简单地复制粘贴新对象。Unity 预制件是可以保留原始对象相同组件和属性的一种模板。传统复制粘贴方式中，每个复制出来的对象都是独立的，和原对象没有引用关系。而预制件对象则是原始预制件的实例，编辑预制件会更新场景中的所有实例。

　　预制件在 **Hierarchy** 窗口中用蓝色文本标识，在 **Project** 窗口中则显示为一个立方体图标：

　　1）选择 Gallery 对象，拖入 **Project** 窗口中的 Prefabs 文件夹，与此同时会生成一个同名的资源。图 3-16 所示为新建预制件的过程。

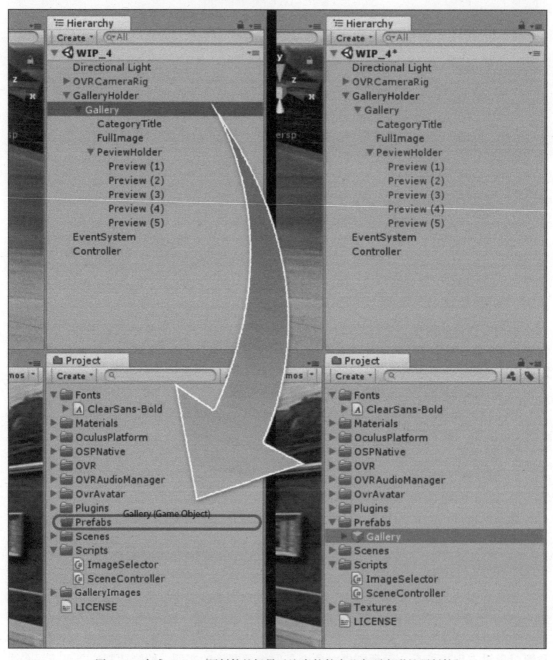

图 3-16　完成 Gallery 预制件的场景（注意软件中蓝色项表明是预制件）

2）创建其他画廊。有了预制件后，就可以使用它来创建场景中其他 Gallery 对象了。每个新的画廊和原始 Gallery 对象具有相同属性、设置和组件。再拖放两个 Gallery 预制件到 GalleryHolder 对象中。

3）重命名预制件以匹配其内容。在示例中，我们给每个预制件取了不同的名字，并在名称前统一加上了 Gallery – 前缀，如图 3-17 所示。

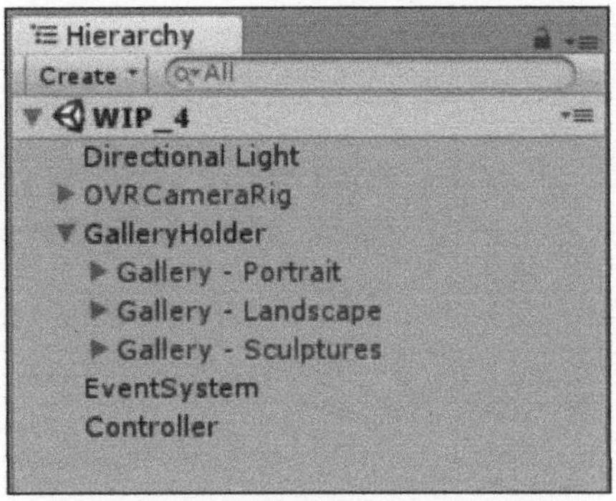

图 3-17　重命名后的 Gallery 预制件

4）在 Inspector 面板中设置 X 位置值：

对象	X 位置
Gallery - Portrait	−4
Gallery - Landscape	0
Gallery - Sculptures	−4

这将使新建的画廊在场景中水平对齐。你可以根据自己项目的需要适当地调整上述值。

5）保存场景和 Unity 项目。

6）使用菜单 **File | Save Scene** 将场景保存为 **WIP_5**（见图 3-18）。

图 3-18　完成后的虚拟画廊

3.8　小结

到这里，项目的前半部分就结束了。本章我们完成了 Unity 环境构建。我们所创建的场景还可以自定义设置，如添加其余画廊、更换背景，或采用不同的画廊布局。在下一章中，我们将向画廊中添加图片、添加处理用户交互的脚本，然后进行一些测试，最终完成项目在移动设备上的部署。

第 4 章
为虚拟画廊项目添加用户交互

本章将对虚拟画廊项目进行扩展——添加控制用户交互的脚本并构建出最终的应用。文中所列步骤是为开发新手准备的,我们更希望有 C# 经验的开发者能对项目进行拓展,创造更加新奇而富有创意的作品。

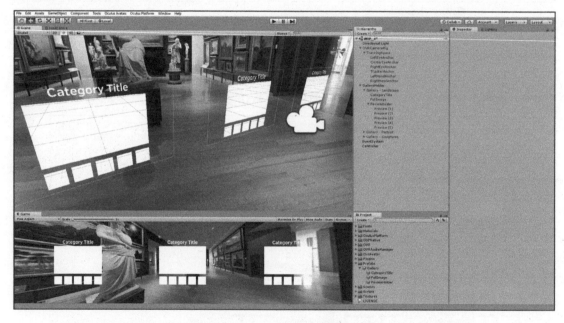

图 4-1　Unity 引擎中的虚拟画廊环境

目前为止,我们的虚拟画廊项目进展顺利(见图 4-1)。要完成本项目只需定义好脚本、添加图片,然后再为 Gear VR 构建好应用。但是,在开始编写脚本之前,我们有必要讨论一下虚拟交互是怎样进行的。以下列表列出了一些完成本项目所涉及的关键短语:

- 促进用户交互。
- 使用射线和 StandaloneInput 模块进行用户交互。
- 构建 ImageSelector 和 SceneController 脚本。
- 图片收集、准备及选入。
- 构建应用。

4.1　促进用户交互

Unity 提供了很多便于用户交互的组件。这些组件用于识别玩家是否正在盯着某个游戏对象，或者是否在使用触摸设备进行交互，以及游戏对象该如何对触摸输入做出响应。下面我们将对本项目所需组件进行简要介绍。

4.1.1　Raycaster

当我们创建场景中的第一个画布时，Unity 会同时新建一个 EventSystem 对象。EventSystem 对象用于检测当前输入事件需要发送至哪里，而借助 Raycaster 可以获得该信息。将 Raycaster 当作是一个可见激光指示器。在场景中，Raycaster 发出一道射线，进而指示出射线所命中的对象。本项目使用的是 Graphic Raycaster，另外还有两种其他类型的 Raycaster：

● **Graphic Raycaster**：用于确定画布中是否有某个 UI 元素被射线命中。通过设置 Graphic Raycaster 的特定属性，可以决定在何种情况下对象可以被射线穿过。

● **Physics 2D Raycaster**：可识别 2D 物理元素。

● **Physics Raycaster**：可识别 3D 物理元素。

4.1.2　StandaloneInput 模块

如果使用过旧版本的 Unity，你可能用过 Touch Input 模块来确定触摸设备是否处于激活状态（单击、长按、双击或释放）。从 Unity 5.6 开始，Touch Input 模块被 StandaloneInput 模块代替。该模块会根据用户输入发送表示触摸或滑动的指针事件，并使用场景中的 Raycaster 对象来计算触摸的是哪个对象。

这些组件将用来确定用户查看图片或图片集的时间，以及当用户在 Gear VR 触控板上单击或滑动时该如何响应。

现在我们对交互工具有了更深的理解，那么下一步要学习的就是本项目的第一个脚本了。

4.1.3　图片选择器脚本

ImageSelector 脚本将使用 GetMouseButtonDown 及 Graphic Raycaster 来共同确定用户是否已经选择了一个 Preview 对象。如果这两个事件同时为真，则与 Preview 关联的图片将被赋值给 FullImage 对象。下面我们将逐步构建 ImageSelector 脚本，然后将该脚本挂载至 Preview 对象身上。

1）双击 Project/Scripts 目录下的 ImageSelector，在默认编辑器中打开脚本。

2）第一步是让 Unity 知道脚本中要用到哪些组件。要检查 Raycaster 是否命中 UI 元素，我们需要引入 UnityEngine.UI 和 UnityEngine.EventSystems 组件。同理，第 8 行代码中的 Graphic Raycaster 则是我们用来与 Preview 缩略图进行交互的组件。

3）修改脚本中 Start（）的和 Update（）方法。

```
using System.Collections;
using System.Collections.Generic;
using UnityEngine;
using UnityEngine.UI;
using UnityEngine.EventSystems;

[RequireComponent(typeof(GraphicRaycaster))]

public class ImageSelector : MonoBehaviour {
```

```
// 使用本方法进行初始化
void Start () {
}
```

```
// Update 方法每帧调用一次
void Update () {

  }
}
```

4）为了让每个画廊图片呈现不同内容，我们需要在 Start（）方法前添加以下公共变量：

```
public string categoryTitleName;
public Text categoryTitle;
public Image fullImage;
public Material hilightMaterial;
private void Start () {

}
```

下面，我们将修改 Start（）和 Update（）方法。这两个方法将决定游戏对象出现在场景中时会发生什么，以及场景运行时游戏对象是如何响应的。

5）按以下内容修改 Start（）和 Update（）方法。

```
private void Start () {
        categoryTitle.text = categoryTitleName;
}

private void Update () {
        if (Input.GetMouseButtonDown(0)) {
        OnPointerDown ();
    }
}
```

 OnPointerDown 函数之所以会被标红，是因为还没有被定义。

在 Start（）方法中，categoryTitle.text 所在行代码的作用是使用 categoryTitleName 的值来替换 Category Title 的默认文本值。完成脚本并为 Preview 游戏对象设置好值后，我们会运行一下看看实际效果。

Update（）方法中的 if 语句用于检测用户是否按下控制器或触摸设备上的按钮。本例中，GetMouseButtonDown（0）指的是 Gear VR 上的触控板按钮，如果按钮被按下，将调用

OnPointerDown（）函数。

4.1.3.1　设置触摸控制

当 Gear VR 触控板按钮被按下时，后续接受用户输入的过程将分为两步。首先，需要确定用户单击的是否是可选择的对象，如果是的话，还需要进一步确认具体选择了哪个游戏对象，然后再将 FullImage 切换至游戏对象关联的图片。游戏对象（Preview 图片）的识别和捕捉将在 OnPointerDown 函数中实现。

本章开头就已提到，我们将使用 Graphic Raycaster 向场景中发射一道射线。但是并不需要一直发射，只需在按下触控板时发射即可。之后我们可以判断射线是否命中 UI 对象，如果确实命中了某个 UI 对象，将由碰撞事件存储所需游戏对象属性信息。可以使用以下链接查看 Unity 文档中有关 PointerEventData 的详细说明，其包含了由该数据类型捕获的完整属性列表：https://docs.unity3d.com/ScriptReference/EventSystems.PointerEventData.html。

1）在 Update（）方法后添加以下代码：

```
public void OnPointerDown () {
    GraphicRaycaster gr = GetComponent<GraphicRaycaster> ();
    PointerEventData data = new PointerEventData (null);
    data.position = Input.mousePosition;

    List<RaycastResult> results =new List<RaycastResult> ();
    gr.Raycast (data, results);

    if (results.Count > 0) {
        OnPreviewClick (results [0].gameObject);
        }
}
```

OnPreviewClick 函数之所以会被标红，是因为还没有被定义。

当 Gear VR 触控板按钮被按下时，我们创建了一个 GraphicRaycaster 类型变量 gr、一个存储当前鼠标位置的 data 变量，以及用于存储碰撞对象的空列表 results。按钮按下时产生一道射线 gr，由摄像机位置指向单击位置。所有和射线发生碰撞的游戏对象都将存储在 results 列表里。就我们的画廊而言，我们仅需要最上层的那个对象，即列表中索引为 0 的项。然后将该对象传给一个新函数，该函数会将 FullImage 图片切换为相应的 Preview 图片。

2）在 OnPointerDown（）方法后添加以下代码：

```
void OnPreviewClick (gameObject thisButton) {
    Image previewImage = thisButton.GetComponent<Image> ();
    if (previewImage != null) {
    fullImage.sprite = previewImage.sprite;
    fullImage.type = Image.Type.Simple;
    fullImage.preserveAspect = true;

    }
}
```

OnPointerDown（）方法利用由摄像机指向鼠标单击位置的射线，确定当前选中的是哪个 **Preview** 缩略图。知道哪个 **Preview** 缩略图被选中后，我们再来构建另一个自定义函数 OnPreviewClick，通过它来完成 FullImage 图片的设置。

OnPointerDown 函数调用 OnPreviewClick 时会传入一个游戏对象参数。在 OnPreviewClick（）中该对象被局部存储为变量 thisButton，而其 Image 组件则被复制到变量 previewImage 中。

现在有了可供切换的图片，但是保险起见我们还是通过一个 if 语句将 previewImage 和 null 值进行比较，以确认图片不为空。只要值不为空，就将 fullImage.sprite 设置为 previewImage.sprite。最后两行代码是为了确保图片在新对象上能够正常显示。

4.1.3.2　创建用户反馈

无论开发什么形式的用户界面，提供一套系统的体验引导都非常重要。在虚拟环境中，当用户采用凝视作为输入方法时更是如此。

没有了像鼠标和光标这种直接输入，就需要创造出一种同样有效的间接方法。对于本项目，我们采用高亮来显示被用户凝视的可选择对象。在下面的代码片断中，将由 EventSystem 提供的 OnPointerEnter 和 OnPointerExit 函数完成我们设计的反馈机制。有了这些函数，我们再给可选择对象添加一个高亮材质和描边效果。

1）在 OnPreviewClick（）后添加以下函数：

```
public void OnPointerEnter (Image image) {
    // 当用户凝视图片时，该语句将使对象高亮显示
    image.material = hilightMaterial;
}

public void OnPointerExit (Image image) {
    image.material = null;
}
```

当指针（由用户凝视确定方向的不可见对象）进入 Preview 游戏对象，OnPointerEnter 会将对象材质替换为由公共变量指定的高亮材质 hilightMaterial。当指针离开对象时，材质又将设置为 none，表示现在对象为不可选状态。

2）保存脚本。

3）验证一下刚才所做更改。

4）返回 Unity，选择任意预览缩略图对象（如 Gallery | PreviewHolder | Preview（2）），注意 **Inspector** 窗口中的 Image Selector 组件现在有 4 个额外字段：**Category Title Name**、**Category Title**、**Full Image** 和 **Hilight Material**，如图 4-2 所示。

4.1.4　场景控制器

如前所述，本项目可以让用户从多个图片库中选取图片。到现在为止，我们学习了如何构建虚拟环境、创建画布来存放画廊图片，以及构建使用户能够从预览缩略图中选择图片的脚本。下一步，我们需要一个在不同画廊中导航的工具。SceneController 脚本可以识别用户的滑动方向，从而确定之后要显示哪个画廊。我们就不逐行深入分析了，只关注和

Gear VR 触控板及在 VR 空间中移动相关的函数和代码。

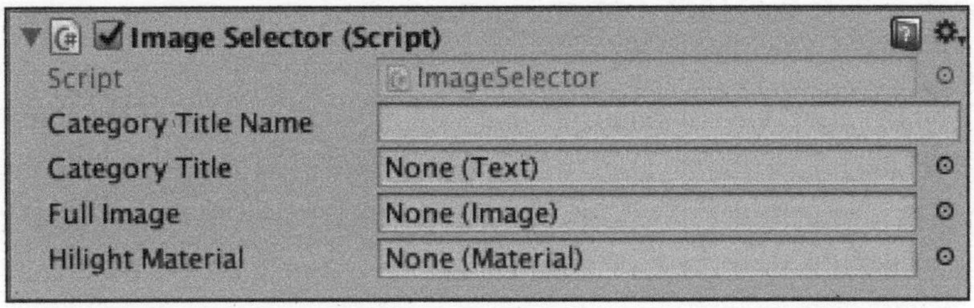

图 4-2　Preview 游戏对象上 Image Selector 组件中的公共变量

1）双击 Project/Scripts 目录下的 SceneController，在默认编辑器中打开脚本。

2）添加变量，并按以下内容修改 Start（）方法。

```
using System.Collections;
using System.Collections.Generic;
using UnityEngine;

public class SceneController : MonoBehaviour {
public gameObject galleryHolder;
public float slideSpeed;
private OVRTouchpad.TouchArgs touchArgs;
private OVRTouchpad.TouchEvent touchEvent;
private bool isMoving;

void Start () {
    OVRTouchpad.Create ();
    OVRTouchpad.TouchHandler += SwipeHandler;
}
```

需要在 SceneController 脚本中定义的公共变量和私有变量一共有 5 个。第一个变量 galleryHolder 表示存放画廊的对象。在本项目中，通过适当命名的 Gallery Holder 就起这个作用。脚本中利用用户的滑动动作循环切换各个画廊。slideSpeed 和 isMoving 变量用来控制滑动速度，以防画廊切换得过快。

3）按照以下内容修改 Update（）方法：

```
void Update () {
    #if UNITY_EDITOR
    if (!isMoving) {
      if (Input.GetKeyDown (KeyCode.RightArrow)) {
        StartCoroutine (SwipeRight
(galleryHolder.transform.position.x));
      } else if (Input.GetKeyDown (KeyCode.LeftArrow)) {
        StartCoroutine (SwipeLeft
(galleryHolder.transform.position.x));
      }
    }
    #endif
  }
```

在场景运行时 Update（）方法每秒大概运行 60 次。在每次循环开始时，都要确定触控板是否被按下，然后执行相应的动作。在 Unity 中测试应用时，是无法访问触控板的。幸运的是，Unity 提供了**平台依赖编译（Platform Dependent Compilation，PDC）**功能可以帮助我们解决此问题。

位于 #if UNITY_EDITOR 和 #endif 语句之间的代码将只会在 Unity Editor 内运行，而不会被编译进最终构建的应用中。这让我们在 Unity 中可以通过按左箭头或右箭头来模拟用户设备的滑动操作。如果没有这个功能，就只能先构建应用，再把它安装到 Gear VR 设备上，才能看出和预期结果是否一致。

Unity 文档中有关 PDC 的内容可访问以下网址：
https://docs.unity3d.com/Manual/PlatformDependentCompilation.html。

位于 #if 和 #endif 语句之间的代码将检测左箭头或右箭头是否被按下，如果是的话，就调用 SwipeRight 或 SwipeLeft 函数，这两个函数我们随后再设计。但是，if（!isMoving）语句表明，这都是在 Gallery Holder 静止时才发生的。这一条件可以防止在对象上进行双向滑动，所以必不可少。

4）在 Update（）方法后添加 SwipeHandler（）函数：

```
void SwipeHandler (object sender, System.EventArgs e) {
    touchArgs = (OVRTouchpad.TouchArgs) e;
    touchEvent = touchArgs.TouchType;

    if (!isMoving) {
      if (touchEvent == OVRTouchpad.TouchEvent.Left) {
        StartCoroutine (SwipeLeft
        (galleryHolder.transform.position.x));
      }
      else if (touchEvent == OVRTouchpad.TouchEvent.Right) {
        StartCoroutine (SwipeRight
        (galleryHolder.transform.position.x));
      }
    }
}
```

5）在 SwipeHandler（）后添加 SwipeRight 和 SwipeLeft 函数，完成 SceneController 脚本：

```
private IEnumerator SwipeRight (float startingXPos) {
    while (galleryHolder.transform.position.x != startingXPos - 4)
{
    isMoving = true;
    galleryHolder.transform.position =
    Vector3.MoveTowards (galleryHolder.transform.position, new
    Vector3 (startingXPos - 4,
galleryHolder.transform.position.y,
    0f), slideSpeed * Time.deltaTime);
    yield return null;
  }
  isMoving = false;
}
```

```
private IEnumerator SwipeLeft (float startingXPos) {
    while (galleryHolder.transform.position.x != startingXPos + 4)
{
        isMoving = true;
        galleryHolder.transform.position = Vector3.MoveTowards
        (galleryHolder.transform.position,
        new Vector3 (startingXPos + 4,
        galleryHolder.transform.position.y, 0f),
        slideSpeed * Time.deltaTime);
        yield return null;
    }
    isMoving = false;
}
```

SwipeHandler（）函数通过在 Gallery Holder 静止时接受输入来模拟 #if UNITY_EDI-TOR 指令。然后 SwipeRight（）和 SwipeLeft（）函数会将 Gallery Holder 对象从其初始位置向左或向右移动 4 个单位，具体速度将在挂载脚本后设定。

6）保存脚本。

7）返回 Unity，并把脚本添加到 Controller 对象上。

8）选中 Controller 对象，将 **Hierarchy** 窗口中的 GalleryHolder 游戏对象拖放至 **Scene Controller** 脚本组件的 GalleryHolder 字段中。

9）将 **Slide Speed** 设置为 5。

这是一个默认值，在脚本测试后可以随意更改为其他值。

10）继续之前先保存一下脚本和项目。

完成脚本后，项目也基本上接近尾声。下一步是为 UI Image 元素添加并应用图片、将游戏对象脚本链接至正确的目标上，然后再构建 Gear VR 应用。

4.1.5 图片收集

在进入下一步前，需要你确认已经把画廊图片导入到 Unity 中。

本项目的主题是艺术画廊，因此我们计划将画廊预制件分为肖像、风景地貌和雕塑三类。当然，你可以根据自己的需要应用别的主题。我们预想这一模板可用于制作员工培训工具、大学虚拟游历、文化圣地参观，以及其他的专业开发应用。所以，你尽可发挥想象，将本项目进行拓展，以满足个人所需。

因为我们选择的是艺术画廊主题，所以可以上网来搜集和主题相匹配的一些常见图片。一旦你收集了足够多的图片后，就可以进入下一步。

4.1.6 添加照片

在项目的这一阶段需要使用收集的图片对之前作为占位符的空白 UI Image 对象进行赋值。过程并不复杂，但其中包含的一个必需步骤，Unity 新手可能会忽略。那就是图片资源并不是直接导入到占位符中，而是要先转化成 Sprite 图片。

整个过程的步骤如下：

1）鼠标右键单击 **Project** 窗口中的 Gallery Images，选择 **Create | Folder**。

2）重命名文件夹以匹配其内容。

我们创建了 3 个文件夹：Landscapes、Por-
traits 和 Sculptures，如图 4-3 所示。

3）向新文件夹中导入图片。具体步骤
为：在 Unity 中用鼠标右键单击文件夹，选择
Import New Asset...，或者从计算机桌面导航到
图片文件夹后再复制其中的文件。一旦导入成
功，这些图片就转变为 Unity 纹理。

4）将图片的 **Texture Type** 由 **Default** 改
为 **Sprite (2D and UI)**。Textures 是要应用到游
戏对象上的图片文件。其初值提供了一些 3D
环境中应用图片时最为常见的属性。默认情况
下，这些纹理可以应用到 3D 对象中，但是对
于我们的 UI 元素并不适用。所以，要选择每
一张画廊图片，然后将其 **Texture Type** 改为

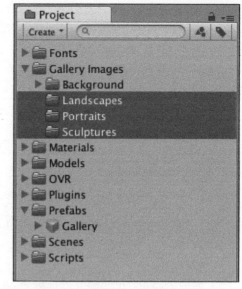

图 4-3　新建的 3 个画廊图片文件夹

Sprite (2D and UI)，如图 4-4 所示。单击 **Apply** 按钮保存更改。

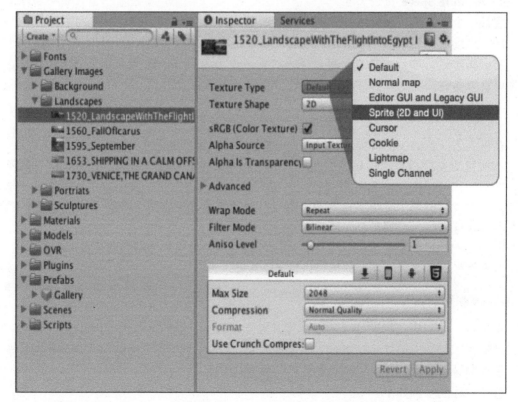

图 4-4　将 1520_Landscape 图片的 Texture Type 由 Default 改为 Sprite（2D and UI）

注意：如果要转换多张图片，需要按住 Shift 再单击选中要转换的图片，然后再在 **Inspector** 窗口改变 Default 值，最后单击 **Apply** 按钮使更改生效。

你会发现转换后的资源由单一项变成了一个带 sprite 组件的嵌套项。

5）在 **Hierarchy** 中选择一个 PreviewHolder | Preview（x）对象，为其 Image 组件赋值。具体步骤为：使用 Target Selector 或把图片直接拖放到 Source Image 字段。图 4-5 所示为拖放法，我认为用这种方法给图片源赋值最简单。

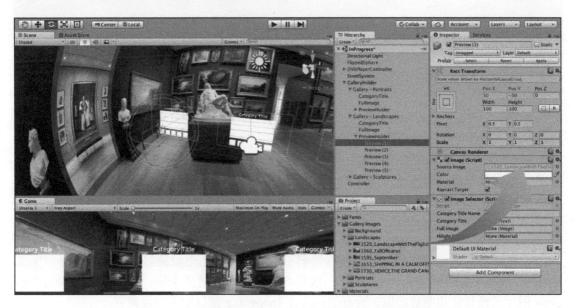

图 4-5　使用拖放法为 Preview（1）的 Source Image 赋值

6）对画廊中的其余 Preview（x）图片重复步骤 1）~ 5）。

对其余画廊中的 Preview 缩略图执行步骤 1）~ 6）。

此步骤并非必需，可以勾选 Image 脚本组件的 **Preserve Aspect** 复选框。关闭此选项后缩略图会被缩放至充满整个空间。图 4-6 展示了 **Preserve Aspect** 选项是如何影响整行预览图片的显示效果的。

4.1.7　使用高亮材质作为反馈

在创建 ImageSelector 脚本时，我们讨论了创建反馈机制的重要性，它可以帮助用户确定凝视对象。在脚本中，我们创建了一个 hilightMaterial 公共变量，但那时还没有定义相应材质。以下步骤描述了材质的创建过程：

1）在 **Project** 窗口菜单中选择 **Create | Material**。

2）将材质重命名为 Highlight。

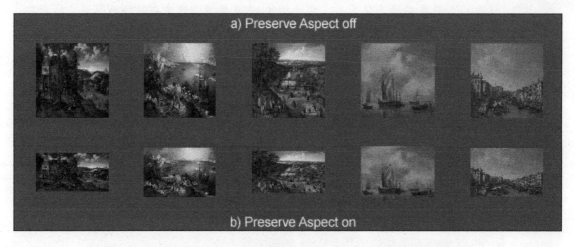

图 4-6　关闭、开启 Preserve Aspect 选项的 Preview（x）对象显示情况对比

3）选择一个高对比度颜色作为高亮。使用高对比度颜色更容易将凝视对象区分开来。如果你的背景较暗，就选亮点的颜色，反之亦然。我更喜欢用亮橙色系，因为它们在淡背景或暗背景下也比较醒目。

4.1.8　赋值

设置好所有预览图片后，我们可以把剩下的游戏对象值也设置好。此时，最好一次选中单个 Gallery 中的所有 Preview 图片，这样可以一次性设置多个值。按照以下步骤为 Preview 图片设置其公共变量的值。所有值都应在 **Inspector** 窗口中进行设置：

1）选择第一个 Gallery 中的 Preview（1）~Preview（5）。选中的元素在 Hierarchy 窗口中将以高亮形式显示，并出现在 **Inspector** 窗口底部的预览位置。

2）在 **Inspector** 窗口 **Image Selector** 脚本组件中的 **Category Title Name** 字段为图片集输入一个名称。

3）将 Gallery 的 CategoryTitle 对象从 **Hierarchy** 窗口拖放至 **Category Title** 字段上。

4）将 Gallery 的 FullImage 对象从 **Hierarchy** 窗口拖放至 **Full Image** 字段上。

5）将 Gallery 的 Highlight 材质从 **Project** 窗口拖放至 **Hilight Material** 字段上。

6）保存场景和项目。为其余 Gallery 设置以下值，如图 4-7 所示。

（a）选择 Preview 游戏对象。

（b）添加画廊标题文本。

（c）拖放画廊文本游戏对象。

（d）拖放 FullImage 游戏对象。

（e）设置 **Hilight Material**。

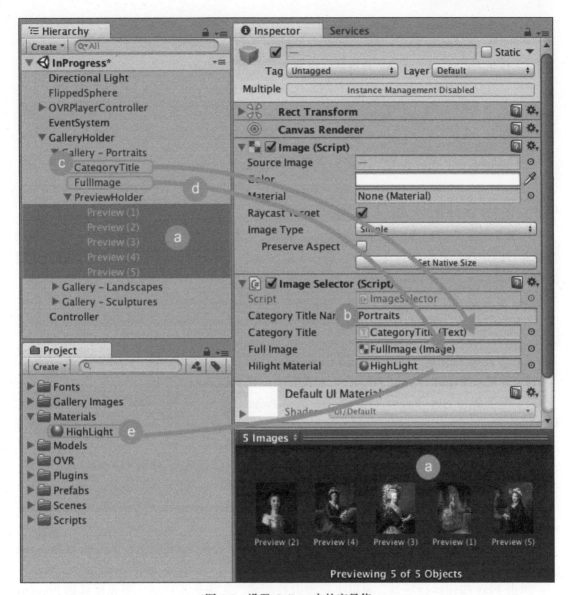

图 4-7　设置 Gallery 中的变量值

4.2　用户交互定案

我们还要添加最后两个组件，才能结束本项目。这两个组件将有助于预览图片的选择，并在选择过程中提供视觉反馈。

向 Preview 对象添加 Graphic Raycaster 组件。如果此时运行场景，你会发现 Swipe 函数能够正常工作，但是用户却不能选择预览图片进行显示。这是因为 Preview 缩略图对象需要添加 Graphic Raycaster 组件才能被选中，但场景中并没有添加该组件。具体解决步骤如下：

1）选中第一个画廊 PreviewHolder 中的 Preview（1）~Preview（5）。

2）单击 Inspector 窗口中的 **Add Component**。

3）搜索 Graphic Raycaster 并将其应用到所选对象上。

4）对其他画廊 PreviewHolders 重复上述过程。

5）单击 **Play** 按钮，对交互功能进行测试。在场景运行时单击 **Preview** 缩略图以查看其放大版本。

6）保存场景和 Unity 项目。

7）导航至 **File | Save Scene**，将场景保存为 WIP_6。

4.3　使用事件触发器作为用户反馈

不管从哪方面来说，反馈对于成功的交互都极其重要。在 Unity 编辑器中选择缩略图非常简单，因为我们有鼠标这个设备。而在 VR 环境中，我们并没有类似的设备，但是我们仍然可以提供反馈以帮助引导用户。

以下步骤描述了如何使用 Event Triggers 来检测用户凝视是进入还是离开了预览对象：

1）选择第一个 PreviewHolder 中的 Preview（1）。这一操作并不能同时在多个对象上进行。

2）在 **Inspector** 窗口中单击 **Add Component** 并清除搜索字段。

3）导航至 **Event | Event Trigger**，并将其应用到 Preview（1）上。

4）单击 **Add New Event Type** 按钮并选择 PointerEnter，这样会创建一个空的指针进入触发器列表。

5）单击空列表右下角的加号符号，以添加函数到列表中。

6）将当前选中的 Preview（1）对象从 **Hierarchy** 窗口拖放到 **None (Object)** 处。这样，我们就把要操作的对象设置成为 Preview（1）。

7）此时下拉窗口没有高亮显示任何函数，导航至 **ImageSelector | OnPointerEnter (Image)** 对函数进行赋值。

8）下一步是设置图片，将 **Inspector** 窗口靠上位置的 **Image** 脚本组件拖放到 **None (Image)** 处。该值将变成 Preview（1）图片。

单击 **Play** 按钮运行场景，对以上更改进行测试。在场景运行时，将光标移到 Preview（1）对象上方，此时 Preview（1）会高亮显示。但是，光标离开时材质无法切换回 **none**。所以，我们要添加一个新触发器来实现这一功能：

1）选择相同的 Preview（1）游戏对象。

2）然后单击 Event Trigger 组件下的 **Add New Event Type**，并选择 PointerExit。新事件的参数值和 PointerEnter 事件设置相同。

3）在下拉函数菜单中选择 **ImageSelector | OnPointerExit(Image)**。

4）单击 **Play** 按钮，将鼠标光标悬停在缩略图上，对事件进行测试。

5）在其他 Preview（x）对象上添加事件触发器，最终完成反馈功能。

6）保存场景和 Unity 项目。

4.4　构建应用

虚拟画廊完成后，只要构建好应用并把它安装在移动设备上，就能在三星 Gear VR 上观看了。构建过程和其他 Android 可执行应用的构建过程是完全相同的。

4.4.1　创建 osig 文件

在应用安装之前，必须先由 Oculus 授权，允许其在 Gear VR 上运行。跳过这一步将导致应用只能在移动设备上运行，而插上 Gear VR 时则无法识别：

1）如果你还没有这么做，可访问 https://developer.oculus.com/ 新建一个 Oculus 账户。在最开始配置 Gear VR 设备时可能已经完成了这一步骤。

2）获取 **Device ID**，并使用它来生成一个 .osig 文件。可访问 https://dashboard.oculus.com/tools/osig-generator/ 来生成文件。

3）导航至系统中的项目文件夹，并新建以下文件夹目录：Assets/Plugins/Android/assets。

4）将步骤 2）生成的 .osig 文件复制到 Assets/Plugins/Android/assets 文件夹。值得一提的是你需要为每个测试设备生成单独的 .osig 文件，每个 .osig 文件都应该放在这个目录下。

4.4.2　Android 设备准备工作

在 Android 设备上启用开发者模式，才能使用 USB 调试功能。

1）在 Android 设备上，导航至**设置 | 关于手机**或**设置 | 关于设备 | 软件信息**。

2）向下滚动至**版本号**，单击 7 次，这时会弹出一个开发者模式提示框。

3）现在，导航至**设置 | 开发者选项 | 调试**，启用 USB 调试。

4.4.3　构建 Android 应用

构建 Android 应用的步骤如下：

1）使用 USB 数据线将 Android 设备连接至计算机。你会看到一个是否希望启用 USB 调试的提示，单击确认。

2）在 Unity 中，选择 **File | Build Settings**，弹出 **Build** 对话框。

3）如果没有出现对话框，则需要将当前场景添加到对话框的 **Scenes In Build** 部分。选择 **Add Open Scenes** 完成操作。

4）更改平台为 Android，然后单击 **Switch Platform**。

5）将 **Texture Compression** 设置为 **ASTC**。

6）选择 **Player Settings...**，并设置以下属性：

- **Company Name**。
- **Product Name**。
- **Other Settings**。
- **Package Name**。
- **Minimal API Level**：API level 22。

- **XR Settings**。
- **Virtual Reality Supported**:On。
- **Virtual Reality SDK**:添加 Oculus。

7)单击 **Build and Run** 创建 Android 可执行应用,然后将其载入移动设备中(见图 4-8)。

图 4-8　虚拟画廊最终布局

4.5　小结

　　本项目详细介绍了如何在 VR 中创建交互。许多 VR 热门游戏都使用了 Raycaster，并从 Gear VR 触控板获取输入。下面是一个对项目进行改进拓展的附加挑战，可以使用下面的建议，也可以用自己的一些想法。

　　● 将所有画廊环绕布置在用户周围，然后将 SwipeLeft 和 SwipeRight 的功能改为按圆形路径移动画廊。

　　● 再添加一个文本字段，用于描述图片标题详情、艺术家名字、创作年份、主题、媒介及其他细节。

　　● 当 Raycaster 聚焦到新画廊时改变其背景。

第 5 章
在 Oculus Rift 上展开
"僵尸" 大战

这个 VR 项目关注于开发一款交互式游戏。该游戏是运行在 Oculus Rift 上的第一人称 "僵尸" 射击游戏。但是只要稍作修改，也可以在 Google Cardboard、Daydream 或三星 Gear VR 等设备上编译运行。

5.1 与"僵尸"共舞

几十年来，我们在娱乐文化上一直都对"僵尸"这一概念异常迷恋。迄今为止，僵尸主题已出现在各种娱乐平台上，从印刷品到广播，再到电影、电视，最后再到游戏。如此为大众所知，我们都无须给僵尸去下一个定义。大家对僵尸如此感兴趣，所以也不愁找不到相关内容供我们选择。网上以及 Asset Store 里有几百种僵尸类型的免费资源，这将节省我们大量的时间和精力，不然要构建相关体验只能自己去建模、骨骼绑定、制作各个组件动画。

另外，我们非常熟悉电子类射击游戏，对它进行修饰美化，同时再加点自己的创意，这都完全不在话下。

本游戏关注于创建一个静态的第一人称体验。玩家位于三条巷子的交汇处，要用配备的枪支来消灭无尽的僵尸大潮（见图 5-1）。

> **Mac 用户：** 在撰写本书时，Oculus VR 插件在 Mac 操作系统平台上表现并不稳定。包括我在内的一些开发人员在构建单机版或 Android 应用时无法让 Unity 成功载入该插件。Unity 论坛工作人员也已经知晓这个问题，但目前为止他们还在着手解决此事。我们还是建议等待插件发布稳定版本后，再在 Mac 平台上尝试本项目。

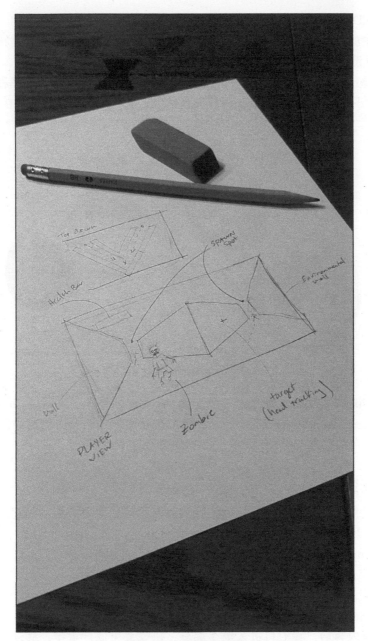

图 5-1 环境概念草图

5.2 Oculus Rift 平台

在之前的项目中我们已经使用移动设备进行了 VR 体验，本项目将关注桌面解决方案的开发。Oculus Rift（或称 Rift，见图 5-2）头显使用了立体有机发光二极管（Organic Light-Emitting Diode，OLED）显示器，其分辨率为 1080×1200，具有 110° 视场角。头显通过 USB、HDMI 二合一线缆连接至计算机，从而跟踪用户的头部运动。定位功能是通过嵌入到头显中的多个 IR LED 和一个或多个静态 IR 传感器实现的。这意味着 Rift 中运行的 VR 应用可以设计成坐姿体验或是房间规模体验。

由于设备是连接到计算机上的，所以我们能处理的内容资源的分辨率和质量都比移动设备上的要高。只要添加一些 Oculus 插件和软件包，项目所有内容都可以在 Unity 中开发。

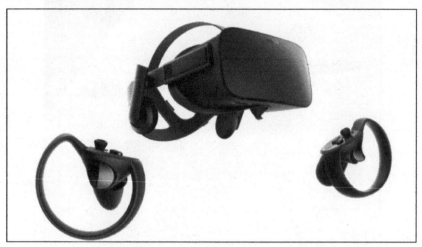

图 5-2　带触摸控制器的 Oculus Rift CV1 头显

另外，Oculus 在其网站上发布了一个开发 VR 内容的最佳实践清单：https://developer3.oculus.com/documentation/intro-vr/latest/。尽管在本项目中我们会讨论其中的许多做法，但是我们还是建议在准备个人项目开发前先完整地看看这个清单。

5.3　过程概览

我们将用两章来完成整个项目，首先我们关注环境和主要资源的构建。这些任务又将进一步分为以下几个阶段：

- 配置 Unity 环境。
- 创建玩家。
- 构建游戏环境。
- 创建 Zombie 预制件。

完成这部分内容后，我们再进入第 2 部分，研究关于僵尸重生、移动、攻击和死亡的脚本实现。在学习如何构建并部署最终应用前，我们还将使用光照和 Skybox 营造合适的氛围。这将是一个很有趣的项目，所以赶紧坐好，打开最新版的 Unity，准备好召唤腐朽的不死生物吧！

5.4　配置 Unity 环境

项目开始前，我们需要载入工具包并设置几个 Unity 编辑器变量，以保证我们创建的是一个 VR 项目：

1）在第 3 章中，我们从 **Asset Store** 中加载了 Oculus Utilities。也可以从 Oculus 网站获取插件 / 包。访问 https://developer.oculus.com/downloads/unity/，选择 Oculus Utilities for Unity 链接下载最新版本的工具包。对于 Oculus Rift 和三星 Gear VR，Unity 提供了内置 VR 支持，插件中所含的脚本、资源和预制件是为了便于实现其他功能。更多信息，请参考 Unity 开发指南：https://developer.oculus.com/documentation/unity/latest/concepts/book-unity-gsg/。

2）定位到下载位置，解压刚下载的文件。

3）启动 Unity，并创建一个新的 Unity 项目 ZombieGame。

4）选择 **Asset | Import Package | Custom Package**，然后从解压的文件夹中选择 Oculus-Utilities.unitypackage。

5）选择 **All** 按钮进行全选，然后向下滚动并取消勾选 Scenes 目录。

6）单击窗口底部的 **Import** 按钮，导入包中的元素。

7）如果 Unity 询问是否更新 Oculus Utilities Plugin，选择是。如果需要更新，Unity 会重启以安装需要的文件。

我们在 Unity **Asset Store** 中找到了一个免费的僵尸资源包，这样就不用自己动手制作了，如图 5-3 所示。这个包非常棒，其包含的模型、材质和动画能让整个游戏活灵活现。

8）选择 **Window | Asset Store**，搜索 Zombie 和 Pxltiger。选择 **Import** 将资源从商店中直接下载到 Unity 项目中。资源网址为 https://www.assetstore.unity3d.com/en/#!/content/30232。

图 5-3   Asset Store 中由 Pxltiger 制作的 Zombie 资源包

9）在 **Project** 窗口中添加以下目录：Materials、Prefabs、Scenes、Scripts 和 Sprites。

10）选择 **Directional Light**，然后重命名为 Production Lighting。我们使用这一标题主要是为了表明该光源仅在制作过程中使用，最终构建应用时将被禁用或删除。

11）在 **Inspector** 窗口中将 Production Lighting 的 **Intensity** 设置为 0.5，**Shadow Type** 设置为 **No Shadows**。我们最后会关闭此光源，但是构建环境过程时还是用它来为场景照明。

12）从 **Window | Lighting | Settings** 中打开 **Lighting** 面板。如果 **Lighting** 面板独立出现，可将其与 **Inspector** 面板泊靠在一起。项目后期设置场景气氛时将用到该面板。

13）使用 **File | Save Scene As...** 将场景保存为 ShootingRange。将场景文件移入 Unity 中的 Project/Scenes 文件夹。

5.5　创建 Player 游戏对象

玩家（Player）对象是一个单独的游戏对象。该对象包含了第一人称摄像机、一个碰撞器和一个光源。到设置气氛那节我们才需要为 Player 对象设置光源，创建其余组件的步骤如下：

1）在 **Hierarchy** 面板新建一个空游戏对象 Player，然后在 **Inspector** 中将其移动至 0，1，0.5。该对象将用于存放 VR 摄像机及控制玩家的脚本。

2）在 **Inspector** 面板中将 Player 的标签由 Untagged 改为 Player。

3）选中对象，在 **Inspector** 面板中单击 **Add Component** 按钮，添加一个 Capsule Collider。在搜索字段中输入 capsule，或者在分类列表中选择 **Physics**，然后从列表中选择 Capsule Collider，将其添加至 Player 对象。

Unity 碰撞器并不可见，其用处在于协助处理游戏对象之间的物理碰撞。它们的形状可以和网格渲染器完全相同，也可以是大致一样；可以是一些基本的形状，也可以很复杂。我们一般用碰撞器来检测两个对象是否发生接触，然后根据检测结果执行相应的动作。本项目中，玩家的碰撞器会和地面发生接触，所以我们才不会穿过地面。在玩家和僵尸两者发生接触后，该碰撞器还可用于触发僵尸的攻击动画。

4）设置 Capsule Collider 中心的 z 值为 -0.25，并将其 **Height** 由 1 增加至 2。

5.5.1　Graphic Raycaster

玩家需要开枪才能杀死僵尸，我们将在下一章对此进行详细介绍。要特别注意的是，我们并不是从 Player 对象处发射子弹，而是使用 **Physics Raycaster** 创建一个从用户观察点到远处焦点的引导光束。可以把 **Raycaster** 想象成不可见激光，它会杀死碰到的第一个僵尸。

5.5.2　添加 3D 摄像机

3D 摄像机用于提供 VR 体验所需的第一人称视角，同时它也是 Graphic Raycaster 的原点。在添加新摄像机之前，我们需要删除已有的 Main Camera 游戏对象：

1）在 Main Camera 上单击鼠标右键，然后选择 **Delete**。在没有摄像机的情况下，

68

Game 窗口将显示 Display 1 No camera rendering。

2）导航至 Project/OVR/Prefab 目录，并找到 OVRCameraRig 预制件。将其拖放至 Player 游戏对象上。OVRCameraRig 将显示为 Player 的子项。

3）将摄像机移动至（不是 Player 对象）0，0.5，0。

4）保存 ShootingRange 场景。

5.6 构建游戏环境

下一步，我们将创建游玩区中所需的游戏对象。由于玩家是站着不动的，所以关卡设计会非常简单。整个环境只包含几堵墙、一个地面、几个僵尸的重生点，还有一个气氛适宜的天空。我们首先创建一个容器，用于放置整个空间的物理边界。

5.6.1 建立游戏边界

在游戏中，玩家将在一个固定位置拼命战斗。场景是一个虚构的好莱坞式黑巷，由三条小巷子交汇而成。每过几秒，就会在其中一条巷子中生成一个朝玩家移动的僵尸。

我们需要创建这样一个环境，既便于僵尸行动又便于玩家将注意力集中在手头的任务上。在以下步骤中，我们会构建游戏所需的场景元素。首先使用一个地面和几个立方体定义出游戏边界：

1）新建一个空游戏对象 Environment，将其位置设置为 0，0，0.5。

2）通过 **GameObject | 3D Object** 菜单向 Environment 添加以下对象，各对象 **Transform** 组件参数见表 5-1。

表 5-1 游戏对象属性

类型	名称	Position			Rotation			Scale		
		X	Y	Z	X	Y	Z	X	Y	Z
Plane	Ground	0	0	22.5	0	0	0	6	1	6
Cubes	Left 1	−16	2	8.5	0	42	0	44	4	0.1
	Left 2	−18	2	15.8	0	40	0	40	4	0.1
	Left 3	−2.7	2	23	0	90	0	40	4	0.1
	Right 3	2.7	2	23	0	90	0	40	4	0.1
	Right 2	18	2	15.8	0	140	0	40	4	0.1
	Right 1	16.37	2	8.85	0	137	0	44	4	0.1

图 5-4 是目前场景布局图，可以根据个人需要对环境进行调整。在我们的示例中，我们将小巷夹角布置成110° 弧线，这样即使 VR 玩家快速动作也可以最大限度地减少晕动病。关于克服晕动病的主题将在下一章再详细介绍。

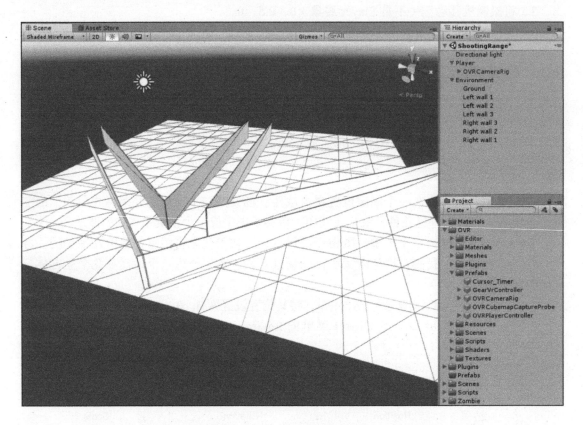

图 5-4　场景环境（Shaded Wireframe 模式下）及项目文件夹

建立边界后，就可以通过 OVR 摄像机来测试环境。单击 **Play** 按钮（也可以通过 Ctrl + P 或 Command + P），然后戴上 Rift 头显进入场景。

3）根据需要适当调整环境。

4）保存场景。

5.6.2　设置气氛

看到我们的场景投入运行真的是太棒了，只是刺眼的光线还有那些灰色墙面和僵尸主题实在是不相符。不过只要几个新材质和重新进行光照设置就能解决这个问题。

1）在 **Project** 面板中单击鼠标右键，然后新建两种新的材质。

2）重命名材质为 Ground 和 Walls。

3）为两种材质设置颜色。两者都使用暗色，墙的颜色要稍微亮一点。本项目中 Ground 使用 #514735FF，Walls 使用 #65615AFF。

Unity 使用 4 对十六进制值来指定颜色，其格式为 #RRGGBBAA，其中 RR（红色）、GG（绿色）、BB（蓝色）和 AA（透明）是 00 到 FF 之间的十六进制整数值，表示颜色的强度。

例如 #FF800000 显示为亮橙色，因为红色分量为最大值（FF），绿色为中等值（80），而其他都为 00。

对于透明颜色，需要把 AA（透明）设置为小于 FF 的值，并把材质的 **Render Mode** 设置为 **Transparent**。

4）在 **Inspector** 中设置 **Smoothness** 为 0，并关闭两种材质的 **Specular Highlights**。将新材质添加至 Materials 文件夹，并将 Ground 和 Walls 材质应用到相应对象上。

5）通过 **GameObject | Light** 菜单选择 Spotlight，在场景中新增一个 Spotlight。

6）将刚添加的点光源重命名为 Flashlight。

7）使 Flashlight 成为 camera rig 的子对象。只要将 Flashlight 资源拖放至 **Hierarchy** 面板 Player/OVRCameraRig/TrackingSpace/CenterEyeAnchor 上即可。

8）设置 Flashlight 的属性如下：**Position** 0, 0, 0; **Rotation** 0, 0, 0; **Spot Angle** 55; **Intensity** 2。

9）再次戴上头显并单击 **Play** 按钮。根据需要调整材质或 Flashlight。

10）保存 ShootingRange 场景。

5.6.3　创建重生点

在最终的游戏中，会有 3 个重生点，每隔 5s 会从其中一个重生点中产生一个新的僵尸。每个僵尸都会摇摇晃晃地走向玩家，并对玩家发起攻击，试图吃到一个新鲜的 "脑子"。下一步，我们会在场景中创建 3 个重生点，并确定其具体位置。

1）新建 3 个空游戏对象，都命名为 ZombieSpawnPoint，其位置信息见表 5-2。

表 5-2　重生点位置

名称	Position		
	X	Y	Z
ZombieSpawnPoint	−23	0	17
ZombieSpawnPoint	0	0	23
ZombieSpawnPoint	23	0	17

2）选择其中一个 ZombieSpawnPoint，在 **Inspector** 中单击 **Tag** 下拉列表，然后选择 **Add Tag...**，这将打开 **Tags & Layers** 面板。此时列表是空的，单击 "+" 添加一个新的标签 SpawnPoint。

3）使用 Shift + 单击选择所有 ZombieSpawnPoint，同时对它们的标签进行赋值。最终结果是每个重生点的标签都被设置为 SpawnPoint。在产生新僵尸时将使用该标签来随机选择一个重生点。

4）保存 ShootingRange 场景（见图 5-5）。

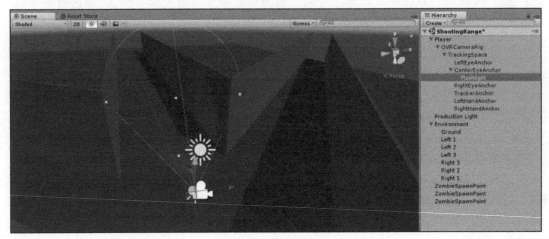

图 5-5　更新后的环境

5.7　优化 VR 体验

只有让用户感觉舒服的 VR 体验才是成功的。恶心、头晕和不适是造成 VR 不适和项目失败的常见原因。而这些问题又是由于体验规划和优化不当造成的。

优化 VR 项目涉及环境、图片和各个过程的准备，以使应用在目标设备上顺利运行。Unity 维护了一个如何最有效地利用游戏引擎的资源和技巧清单，可以访问 https://unity3d.com/learn/tutorials/topics/virtual-reality/optimisation-vr-unity 详细查看开发时所要考虑的各种性能指标。考虑到本书的目的，我们将主要讨论三个方面的内容：帧率、几何简化以及光照映射。

5.7.1　帧率是决定性能的关键

每个设备都有其目标帧率，这些帧率都是为实现最佳性能而经过深入研究确定的。大部分电子游戏的帧率是 30fps（帧每秒），而在 VR 中使用这一帧率会产生视觉延迟，让用户感觉不适，进而引发仿真疾病（想要详细了解晕动病和仿真疾病请参考 7.5.7 节）。为了避免这一问题，必须保证目标设备帧率至少要达到 60fps。

下面列出的是一些热门设备的帧率：

- Google Daydream：50fps。
- 三星 Gear VR（和大部分移动设备）：60fps。
- Oculus Rift 和 HTC VIVE：75~90fps。

只知道设备帧率是不够的，还要知道 Unity 场景的帧率，这可以通过 **Window | Profiler** 菜单获取到。**Profiler** 是用来评估场景对象性能的一个工具面板，从中可以调整特定对象对

性能的影响。关于诊断过程的更多信息可查看 Unity 网站有关 Profiler 的在线培训（https://www.youtube.com/watch?v=tdGvsoASS3g），以及有关移动应用优化的 Unite Europe 培训（https://www.youtube.com/watch?v=j4YAY36xjwE）。

5.7.2　减少过多的场景几何体

要注意我们的设备一直在执行双重任务，每一帧它都要绘制两遍，左眼和右眼各对应一遍。场景中的每一个像素都要执行这一额外工作。默认情况下，无论对象是否出现在摄像机的当前视野内都需要绘制两遍。随着项目逐渐变大变复杂，为处理器减负变得非常重要，只有保持足够高的帧率，才能让用户拥有良好的 VR 体验。当前减轻处理器负担的主要方法有以下几种：删除自始至终都不会出现在视野中的对象，使用单面（Plane）游戏对象，以及遮挡剔除。

5.7.2.1　移除不必要的对象

这是第一步。如果对象自始至终都不会出现在用户面前，那么就应该删除它们。尽管 Unity 可以自动忽略这些对象，但是使用这种方法可以减小最终应用的大小。同理，如果某个对象是部分可见的，就应该修改对象，使场景中只保留其可见部分。

5.7.2.2　使用 Plane 对象

Plane 对象是一种单面的 3D 对象，可通过赋予材质或添加 Sprite 纹理来更改颜色。单面意味着渲染资源只应用到一面。在背景或远距离物体上使用 2D 形状，也可以较好地展示 3D 细节效果。这是另一种减少不必要几何体的方法。

5.7.2.3　遮挡剔除

默认情况下，Unity 只渲染摄像机视野内的对象，这被称为截锥剔除，是计算机最为常用的渲染方法。而遮挡剔除是 Unity 独有的特性——被遮挡的物体将不被渲染。

图 5-6 展示了几种方法的区别。

图 5-6　左：正常场景，未剔除　中：截锥剔除，仅渲染摄像机视野锥体内对象
右：遮挡剔除，不渲染被遮挡的对象

我们的场景比较简单，所以不需要使用遮挡剔除，但在大型游戏环境中常常会遭遇性能上的问题。如果你的场景碰到这个问题，可以试试设置遮挡剔除。做法很简单，却能极大地改善性能。更多信息可参考以下链接：https://docs.unity3d.com/Manual/OcclusionCulling.html。

5.7.3 光照映射

Unity 中有实时和预计算两种光照系统，两者可以结合使用。尽量删除动态光照和实时阴影，并使用预计算烘焙光照。可参考 Unity 关于光照和渲染的指南：https://unity3d.com/learn/tutorials/modules/beginner/graphics/lighting-and-rendering，更多信息可参考：https://unity3d.com/learn/tutorials/topics/graphics/introduction-lighting-and-rendering。

尽管我们的小场景不需要什么优化，但是所有的项目都应该考虑到这一点。

让我们回到项目中。下一步是创建一个僵尸预制件和控制其行为的脚本。下载的资源里有 5 个动画：行走、攻击和 3 个死亡动画（向后摔、向右摔和向左摔）。我们需要一个方法，当特定事件发生时调用相应的动画（见图 5-7）。这里要用到的是 Animator Controller。

Animator Controller 是一种状态机。和流程图类似，状态机详细描述了各个动画和动作之间的关系。状态表示对象正在执行的动作，如行走、跳跃或跑步。使用状态机可以更好地跟踪动作及其关联变量，同时创造了一种状态之间的转换机制。

图 5-7　Zombie 行走动画

5.8 创建"僵尸"预制件

现在我们可以把僵尸添加到场景中了。Pxltiger 制作的 Zombie 资源包含了模型、材质、纹理和动画预制件，这样我们就无须花时间去构建那些基础元素。但是，我们还是需要为场景准备一下资源，并创建一个不同状态的控制方法，以使僵尸和玩家正常交互。

1）将 **Project** 窗口中的 Zombie/Model/z@walk 资源拖放到 **Hierarchy** 窗口，创建出

Zombie 预制件。在 **Hierarchy** 面板中预制件将显示为蓝色。因为僵尸一直在移动，所以我们默认使用行走动画。在以后的项目中，你可能会根据项目需要使用特定的空闲状态或默认状态动画。

2）在 **Inspector** 面板中将 z@walk 重命名为 ZombiePrefab。

3）向预制件添加一个 Capsule Collider 组件，并进行如下设置：

● Center=0，0.85，0.3。

● Radius=0.17。

● Height=1.7。

4）添加一个 Rigidbody 组件。

为对象添加 Rigidbody 组件将使其受 Unity 物理引擎约束。添加该组件后，就可以用矢量力和重力来进行行为模拟。Rigidbody 组件可以让对象像在真实世界里一样掉落、滚动和弹起。

5）将 **Collision Detection** 改为 **Continous Dynamic**。

6）将 Freeze Position 约束设置为 Y = On。

7）将 Rotation 约束设置为 X = On、Z = On。

8）将 ZombiePrefab 从 **Hierarchy** 面板拖放到 **Prefabs** 文件夹，这将创建出一个新的预制件。

9）创建了新预制件后，删除 **Hierarchy** 面板中的 ZombiePrefab。

在产生僵尸前，我们要新建一个状态机来控制动画（行走、攻击和死亡）切换。使用 Animator 工具来创建状态机。如果你还没有用过 Animator，Unity 提供了一个简短的介绍视频：https://unity3d.com/learn/tutorials/topics/animation/animator-controller。下面的步骤介绍了如何为资源创建状态机。

5.8.1 制作"僵尸"资源动画

按以下步骤制作僵尸动画：

1）从主菜单中选择 **Asset | Create | Animator Controller**。

2）将新资源重命名为 ZombieAnimator，然后将其放至 Project/Zombie 文件夹。

3）双击 ZombieAnimator，在 Animator 窗口中载入状态引擎进行编辑。

在窗口中我们将定义 3 个参数、5 种状态和 7 种过渡，用来控制僵尸的行为和动作。借助状态机可以很好地实现动画之间的无缝切换（见图 5-8）。

4）在打开的 **Animator** 窗口中，选择 **Parameter** 选项卡，通过从"+"菜单中选择 Bool 或 Int 来新建以下参数：

● Death（Boolean）：用于表示僵尸是否能够移动或攻击。

● Attack（Boolean）：用于表示僵尸是否在攻击。

● DeathAnimationIndex（Integer）：用于表示播放哪个死亡动画。

5）在灰色风格区域的空白处单击鼠标右键，然后选择 **Create State | Empty**，新建 5 种状态。在 **Inspector** 面板中将其依次重命名为 Walk、Attack、FallLeft、FallRight 和 FallBack。

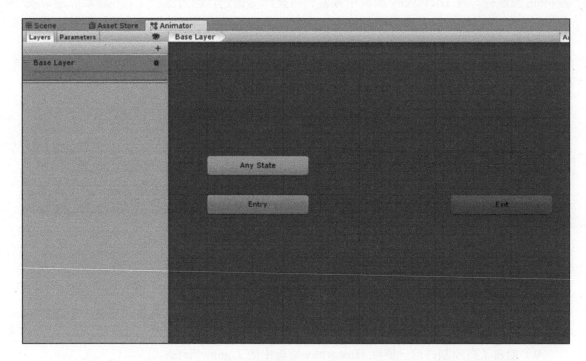

图 5-8　由于显示器大小不同，可能需要在窗口中平移以便摆放好 3 个状态的位置

FallLeft、FallRight 和 FallBack 是僵尸死亡的 3 种动画，分别对应僵尸死亡时摔倒的 3 个方向：直接向后摔倒、向左摔倒和向右摔倒。

6）在 Walk 状态上单击鼠标右键，选择 **Set as Layer Default State**，将其设置为默认状态。

7）鼠标右键单击 Walk 状态，选择 **Make Transition**。然后单击 Attack 锚定过渡。当从脚本里调用该过渡时，将从行走动画完美地过渡到攻击动画。如果不小心出错了，先在 **Animator** 窗口选中状态，然后在 **Inspector** 面板选中 **Transition**。最后，单击最下方的 "–" 按钮将过渡删除。

8）继续添加过渡，如图 5-9 所示。完成后，Walk 将是 4 种过渡的起点，而 Attack 是 3 种过渡的起点，其他几种状态（FallLeft、FallRight 和 FallBack）不作为起点。图 5-9 所示为所有状态的最终 **Animator** 布局。

9）选择 Walk 状态，查看 **Inspector** 窗口。注意到 **Motion** 字段的值为 **None (Motion)**。单击目标选择器小圆圈，在弹出的 **Select Motion** 对话框中选择 walk。这里列出的动画都是 Zombie 资源包制作好的，我们就不用自己再花时间去制作动画了。选择其他状态，合理地设置其 **Motion** 字段值。

10）保存 ShootingRange 场景。

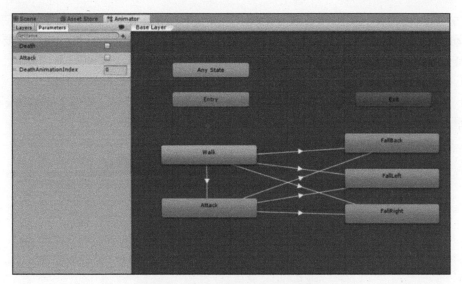

图 5-9   ZombieAnimator 状态布局

5.8.2   添加过渡条件

下面，我们需要为每一个过渡设置条件。条件决定了何时触发状态过渡，如从行走转为攻击。我们的游戏中有 7 种过渡，见表 5-3。僵尸的开始状态是行走，根据不同碰撞对象（玩家或是射线）过渡到不同状态（攻击或死亡）。如果碰到的是射线，则过渡到 3 种死亡动画中的一种。如果碰到的是玩家，则在其死亡前播放的都是攻击动画。

1）选中一个过渡箭头，并在 **Inspector** 窗口中查看其设置。注意此时窗口底部的 **Condition** 面板是空的。单击 "+" 按钮为每个过渡添加条件，并按照表 5-3 设置条件的值。另外，务必要取消每个过渡中 **Has Exit Time** 复选框的勾选。表 5-3 列出了每个过渡中 Attack、Death 和 DeathAnimationIndex 的值。

表 5-3   各种过渡中的 Condition 设置

Transition	Has Exit Time	Conditions
Walk->Attack		Attack = True
Walk->Fallback		Death = True DeathAnimationIndex = 0
Walk->FallLeft		Death = True DeathAnimationIndex = 1
Walk->FallRight	False	Death = True DeathAnimationIndex = 2
Attack->Fallback		Death = True DeathAnimationIndex = 0
Attack->FallLeft		Death is True DeathAnimationIndex = 1
Attack->FallRight		Death = True DeathAnimationIndex = 2

幸亏 Zombie 资源包里附带了这些动画，只要对它们稍作调整就可以在项目中使用。当前行走动画中僵尸只走了一步，为了让僵尸向玩家移动看上去更加自然，我们需要创建完整的行走动画，用于在移动过程中不断重复播放。

2）双击 **Animator** 窗口中的 Walk 状态，在 **Inspector** 面板中打开该对象。

3）选择 **Animation** 按钮（见图 5-10），向下滚动至动画部分。勾选 **LoopTime** 选项将单步动画转化为行走动画。

4）单击 **Apply** 按钮保存更改。

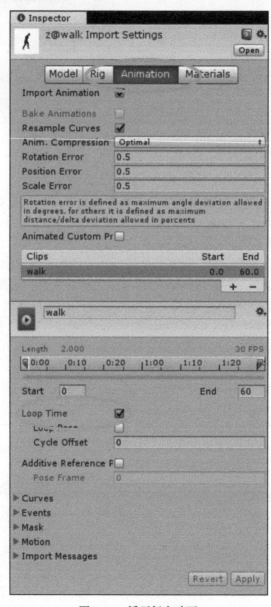

图 5-10　循环行走动画

既然 ZombieAnimator 创建好了，下面就可以将其赋给 ZombiePrefab。

5）选择 ZombiePrefab，注意到 **Inspector** 面板中的 **Controller** 字段值为 **None (Runtime Animator Controller)**。

6）单击 **Controller** 字段的目标选择器，然后在 **Select Runtime Animator Controller** 中选择 ZombieAnimator。

7）保存 ShootingRange 场景和项目。

5.9　小结

至此我们就完成了项目的设置阶段。场景中为僵尸动画和重生点提供了一个环境。戴上头显，再单击 **Play** 按钮，之后就可以四处看看整个场地，但是现在并不会看到朝玩家蹒跚走来的僵尸。要让僵尸出现，还需要创建 3 个新脚本：PlayerController、ZombieController 和 ZombieSpawner。这些脚本将在下一章中进行详细介绍。

本章的另外一个重要组成部分是关于如何创造舒适 VR 体验的探讨。项目优化的核心是基于目标设备做出最好的开发选择。关于更多项目优化的资源和技巧，可访问 Unity 的 VR 教程：https://unity3d.com/learn/tutorials/topics/virtual-reality/optimisation-vr-unity。

尽管我们还尚未实现玩家移动，但是最好还是能够先考虑一下各种优化做法，以及它们对玩家的影响。

第 6 章
为 Oculus Rift 编辑 "僵尸" 脚本

环境和主要资源准备就绪后，就可以把注意力集中到项目的编程部分。第二部分开发过程将包括以下内容：

- 编制僵尸脚本。
- 控制 Zombie 预制件。
- 构建 PlayerController 脚本。
- 设置气氛。
- 构建应用。
- 扩展体验。
- 小结。

6.1 编制 "僵尸" 脚本

在本章中，我们将为 ShootingRange 项目添加脚本和交互能力。项目本身只是作为指导，需要发挥你对环境及现实世界中交互的创造力，对其进行润色美化。言归正传，我们还是直接动手实践吧！

6.1.1 召唤 "僵尸"

我们已经在上一章中构建好了场景，包括环境、Zombie 预制件及控制动画的状态机。现在可以创建用于在 ZombieSpawnPoint 游戏对象上产生僵尸的脚本了。

6.1.1.1 ZombieSpawner 脚本

ZombieSpawner 脚本功能比较简单，用于每隔几秒就在三个 ZombieSpawnPoint 中随机选择一个点，然后实例化一个僵尸。设置步骤如下：

1）添加空游戏对象 SpawnController，将其放入场景中任意位置。我一般喜欢将控制脚本置于 0, 0, 0，但是由于玩家对象也位于原点，所以也可以把脚本放在其他合适的位置，如使用 0, 0, -2。

2）向 SpawnController 添加一个新脚本 ZombieSpawner。

3）将脚本移至 Scripts 文件夹。

4）双击脚本，打开编辑器。按以下内容编辑脚本：

```
using System.Collections;
using System.Collections.Generic;
using UnityEngine;
```

```
public class ZombieSpawner : MonoBehaviour {
    public GameObject zombiePrefab;
    public float zombieSpawnFrequency;
    // 控制僵尸出现的频率

    // 使用此函数进行初始化
    IEnumerator Start () {
        while (true) {
            GameObject zombie = Instantiate (zombiePrefab);
            GameObject [] zombieSpawners =
            GameObject.FindGameObjectsWithTag ("SpawnPoint");

            zombie.transform.position = zombieSpawners
            [Random.Range (0,
            zombieSpawners.Length)].transform.position;
            yield return new WaitForSeconds
            (zombieSpawnFrequency);
        }
    }
}
```

在本脚本中，我们新建了 **zombiePrefab** 和 **zombieSpawnFrequency** 两个公共变量。和其他变量一样，我们命名时采用了描述性名称来表征其功能。**zombiePrefab** 用于表示在重生点产生哪种对象。这里，我们只用了一种类型的僵尸，但是项目中也有可能在不同位置使用不同的预制件。

zombieSpawnFrequency 用于表示僵尸产生的频率。测试时，可以根据自己的需要适当调整 **zombieSpawnFrequency** 的值。

给这些变量赋值后，可以尝试运行脚本。你可能已经注意到，脚本中使用的是 IEnumerator Start（），而非 void Start（）。

一般情况下，函数将在一帧内运行完毕。所有命令被执行和编译，刷新屏幕后显示出结果。当脚本调用随时间变化的视觉效果时（例如屏幕淡出、动画等），你很可能要用到协程。

协程是一种特殊的函数，它能够暂停执行并将控制权交还给 Unity，还能在下一帧从离开处继续运行。

IEnumerator 使我们能够启动僵尸产生过程，将控制权交还给 Unity，然后在下一帧从离开处继续运行。使用该方法可以正确显示出动画和随时间变化的视觉效果。

这个脚本的精髓在于 while 循环内的代码，该循环创建了一个名为 zombie 的实例。实例具有我们之前定义预制件的所有功能和属性，包括动画和状态机。然后，通过搜索标签值为 SpawnPoint 的对象构建出一个重生点数组，从数组中随机选取一个重生点作为实例的位置。这些步骤完成后，脚本将等待几秒钟，具体数值由 zombieSpawnFrequency 变量决定。

1）保存脚本，返回 Unity。

2）选中 SpawnController，此时 ZombiePrefab 字段值为 **None (GameObject)**。单击字

段旁边的目标选择器小圆圈，双击选择上一章创建的 ZombiePrefab 游戏对象。或者，你也可以将 Prefab 文件夹中的游戏对象直接拖放到字段上。

3）将 Zombie Spawn Frequency 设置为 5。这只是个默认取值，测试场景后可以根据需要进行更改。

4）保存场景，单击 **Play** 按钮，然后戴上头显查看效果。

至此，玩家在环境里已经可以四处环视了。整个环境很可能有一点太亮了，可以返回 Unity 关闭 Production Lighting 对象。现在游戏气氛并不完美，我们后面再阐述这个问题。你还会注意到每 5s 就会产生一个僵尸，但是它们并没有朝玩家移动，而是在随机选择的重生点保持不动，其朝向也是错误的。这些问题都将在 ZombieController 脚本中进行阐述。

6.1.2 控制"僵尸"预制件

下面的脚本用于管理僵尸的行为。挂载脚本后，僵尸将具有以下功能：

- 转身面向玩家并朝玩家移动。
- 以预定速度移动。
- 在恰当的时机死亡。
- 随机选择死亡动画：FallBack、FallLeft 或 FallRight。

6.1.2.1 ZombieController 脚本

该脚本将挂载至 ZombiePrefab，这样产生的所有僵尸都具有脚本中定义的行为。设置步骤如下：

1）选择 Project/Prefab 文件夹中的 ZombiePrefab，在 **Inspector** 面板中添加一个脚本——ZombieController。

2）将脚本移至 Scripts 文件夹。

3）在编辑器中打开脚本，删除 Start（）函数。因为脚本有点长，我们分解开来进行讲解：

```
using System.Collections;
using System.Collections.Generic;
using UnityEngine;

public class ZombieController : MonoBehaviour {
    private Animator _animator;
    private Rigidbody _rigidbody;
    private CapsuleCollider _collider;
    private GameObject _target;

    public float moveSpeed = 1.5f;
    private bool _isDead, _isAttacking;
```

ZombieController 脚本主要处理预制件的移动、攻击和死亡。第一部分代码用于创建局部变量，并对它们赋值。

```
private void Awake () {
    // 产生僵尸时调用 Awake 函数，并获取各种预制件组件用于移动、碰撞、攻击和死亡
    _animator = GetComponent<Animator> ();
```

```
  _rigidbody = GetComponent<Rigidbody> ();
  _collider = GetComponent<CapsuleCollider> ();
  _target = GameObject.FindGameObjectWithTag("Player");
}

private void Update () {
  // 第一帧将对僵尸进行旋转，使其面向玩家。这使玩家在游戏运行时可以进行移动
  Vector3 targetPostition = new Vector3(
  _target.transform.position.x,
  0f, _target.transform.position.z );
  transform.LookAt (targetPostition);
}

private void FixedUpdate () {
  // 如果预制件没有死亡且不在攻击状态，则使用 FixedUpdate 函数进行位置移动
  if (!_isDead && !_isAttacking) {
  _rigidbody.velocity = (_target.transform.position -
  transform.position).normalized * moveSpeed;
    }
}
```

这里，我们调用了 3 种方法（Awake、Update 和 FixedUpdate）来访问预制件中的不同组件。在 Awake 函数中，我们将组件值赋给了 4 个私有变量。

僵尸产生后，会沿直线走向玩家。但是，由于左右两边的巷子有一定的角度，会出现一种意外情况，即僵尸的移动方向与其朝向不一致。我们使用 LookAt 函数旋转预制件，使其朝向特定对象或位置。在本例中，僵尸预制件将朝向场景中玩家的位置。

Update 函数旋转僵尸预制件使其朝向玩家，而 FixedUpdate 函数则用于移动僵尸。if 语句用于判断僵尸是否应该移动。如果条件为真，则 Zombie 预制件向原点（玩家的初始位置）移动，其速度由 **Move Speed** 指定。由于重生点的 z 值是 17 或 23，所以僵尸向玩家移动的速度应为负值。

我们之所以在这里使用 FixedUpdate 函数，是因为它每隔固定时间就会被调用一次，而 Update 函数则要在所有计算完成后才运行。正因为如此，对于 Update 函数而言，Time.deltaTime 是变化的；而对于 FixedUpdate 函数而言，Time.deltaTime 是恒定的。

 处理刚体时应使用 FixedUpdate 函数，而非 Update 函数，参见 https://docs.unity3d.com/ScriptReference/Rigidbody.html。例如，向刚体添加一个力时，必须在 FixedUpdate 函数内的每个固定帧中施加力，而非在 Update 函数内的帧中施加力。

下面两个函数将决定杀死僵尸时会发生什么。

```
public void Die () {
  // 一旦我们决定杀死一个僵尸，我们必须将其局部变量恢复为默认值
  _rigidbody.velocity = Vector3.zero;
  _collider.enabled = false;
  _isDead = true;
```

```
    _animator.SetBool ("Death", true);
    _animator.SetInteger ("DeathAnimationIndex", Random.Range (0, 3));
    StartCoroutine (DestroyThis ());
}

IEnumerator DestroyThis () {
    // 在销毁预制件前，我们需要等待动画结束。此处所列值为行走周期的时长
    yield return new WaitForSeconds (1.5f);
    Destroy (GameObject);
}
```

为了更好地理解脚本功能，我们来逐行看看 void Die 函数中的代码。

第一个语句将预制件速度设置为 0，使僵尸停止向前移动。然后，关闭碰撞器，以确保预制件不会触发与射线或玩家相关的动作。

下一步，我们将 _isDead 变量设置为 true，表示此僵尸不能再攻击玩家，已不构成威胁。下面两行将 **Animator** 的 **Death** 参数设置为 true，并随机播放一种死亡动画。一旦动画开始，就调用另外一个叫作 DestoryThis 的协程。该协程将等待 1.5s（死亡动画的时长），然后删除场景中的游戏对象。

注意不要遗漏脚本末尾的右大括号。

1）保存脚本，返回 Unity。

2）运行场景。

现在僵尸控制器的基本结构已经有了，但是我们还需要添加一些函数。在场景运行时，僵尸会以指定频率产生，并以 **Move Speed** 指定的速度向玩家移动。

但是，由于我们还没有方法触发 Die（）函数，所以场景中会不断产生僵尸，聚拢在玩家周围，最后填满整个空间（见图 6-1）。

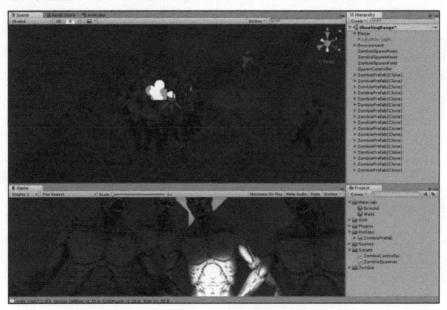

图 6-1 扎堆的僵尸

6.1.3　反击

PlayerController 脚本将使玩家可以和游戏世界进行互动。这个脚本提供了一套射击机制，包括显示准星、监听用户输入及用于检测僵尸的射线。

6.1.3.1　PlayerController 脚本

按以下步骤设置 PlayerController 脚本：

1）选择 Player 对象，添加一个脚本组件，并重命名为 PlayerController。

2）将 PlayerController 脚本从 Project 文件夹拖放至 Project/Scripts 文件夹。

3）双击脚本，打开编辑器。

4）删除 Start（）函数，按以下内容编辑脚本：

```
using System.Collections;
using System.Collections.Generic;
using UnityEngine;

public class PlayerController : MonoBehaviour {
Vector3 hitPoint = new Vector3 (0, 1, 0);

void Update () {
// 该语句用于检查是否按下主开火键
    if (Input.GetButtonDown("Fire1")) {
        Shoot ();
    }
}

// 该函数发出一道射线，用于判断是否有僵尸被击中。如果击中，z 的值即为游戏对象上的 Zombie Controller 组件
 void Shoot () {
    RaycastHit hit;
    if (Physics.Raycast(Camera.main.transform.position,
    Camera.main.transform.forward, out hit)) {
        hitPoint = hit.point;
        ZombieController z =
        hit.collider.GetComponent<ZombieController> ();
        if (z != null)
        z.Die ();
    }
  }

// Gizmos 是调试 Raycaster 瞄准问题时的一种可选视觉辅助工具
private void OnDrawGizmos () {
        Gizmos.color = Color.red;
        Gizmos.DrawLine (hitPoint, Camera.main.transform.position);
    }
}
```

1. Update 函数

场景运行时，Update（）函数中的代码在每帧都会被调用。我们用这个函数监听玩家的输入。如果玩家单击了鼠标左键，或在触摸控制器上按下 A 或 X 按钮，就会运行 Shoot（）

函数。要注意按钮交互可分为三个阶段。第一，触摸控制器上的传感器检测手指位于按钮附近。第二，按钮处于按下状态。第三，按钮处于释放状态。每种情况下，都可以触发一个事件来同玩家进行交互。

所以，当按下按钮时，Update 帧中的 GetButtonDown 调用会为真，下一帧开始时会自动变为假。

2. Shoot 函数

在按下 Fire1 按钮的那一帧，会运行之前代码块中定义的 Shoot（）函数。该函数意在模拟玩家持枪向僵尸射击。其实我们并没有发射子弹，而是实例化了一个图形 **Raycaster**。

你将注意到在脚本中创建了一个名为 hit 的射线，这条射线将用于释放 Fire1 按钮时模拟虚拟子弹的轨迹。射线方向为由 OVRCameraRig 的当前位置指向正前方。如果射线与某个僵尸预制件上的碰撞器相交，则记录命中信息，同时僵尸会死亡。

3. OnDrawGizmos 函数

最后一个函数是可选的，主要在调试时作视觉辅助用。**Gizmos** 在显示向量信息时非常有用。在本例中，我们使用一条红色 GizmoDrawLine 来显示撞击射线的方向。

● 保存脚本，返回 Unity。

4. 测试 PlayerController

单击 **Play** 按钮测试场景。单击鼠标左键或按下触摸控制器上的 A 或 X 按钮，将在 Scene 窗口中显示一条射线。碰到这条射线的僵尸将会死亡。

一切都运行良好，除了以下两样东西：

1）僵尸不会攻击玩家。

2）没有视觉反馈。

要判断你是否已经瞄准目标几乎是不可能的。那么，就让我们来看看如何解决这两个问题。

1）重新打开 zombieController 脚本。

2）在脚本末尾最后一个大括号前插入以下函数，以便僵尸发起攻击。

```
private void OnCollisionEnter (Collision other) {
// 本段代码将在玩家和僵尸发生碰撞时触发攻击
if (other.collider.tag == "Player" && !_isDead) {
      StartCoroutine(Attack
      (other.collider.GameObject.GetComponent<PlayerController>
())); 
    }
}

IEnumerator Attack (PlayerController player) {
      _isAttacking = true;
      _animator.SetBool ("Attack", true);
      yield return new WaitForSeconds (44f / 30f);
      Die ();
}
```

在游戏中，当僵尸的胶囊碰撞器与玩家的胶囊碰撞器发生接触时，僵尸将发起攻击。

这一交互由 OnCollisionEnter（）函数来完成，该函数使用 other.collider 来收集数据。本例中，我们将检查 other 游戏对象的标签是否为 Player。

另外，if 语句确保了僵尸的 _isDead 属性为 false。如果僵尸活着，一旦它碰到玩家，就会不断攻击直到被杀死，这是 "真实世界" 会发生的情况，但是我们并不需要模拟出来。

if 语句内是最后一个协程。这里，我们通过 OnCollisionEnter（）函数来启动 Attack（）函数，从而模拟 Die（）和 DestroyThis（）的协程关系。唯一的区别在于，我们还传递了玩家的信息。

最后一个函数定义的是一个协程 Attack（PlayerController player），如前所述，它将在僵尸预制件与玩家发生碰撞时被调用。我们将预制件的 _isAttacking 属性连同 **Animator** 的 **Attack** 参数设置为 true。WaitForSeconds 语句用于确保在销毁预制件前播放完攻击动画。

关闭脚本前的最后一步，是仔细检查所有的大括号是否都正确匹配。

3）保存脚本，返回 Unity 运行场景。

至此，僵尸产生后已经可以正常向玩家移动。它们会在被击中后死亡，或者在攻击之后死亡。不过，现在很难精确确定射击的落点。我们将通过在玩家视野中添加一个瞄准准星来解决这一问题。

4）停止游戏，下一步将在 Player 对象上添加一个瞄准 Sprite 图片。

5. 瞄准准星光标

在真实世界中的显微镜和望远镜中，都用准星来辅助定位。在游戏和 VR 中，我们也用它来辅助定位，但我们的实现方式略有不同。在 2D 游戏中，我们在主视摄像机上挂载一张 Sprite 图片即可。在 2D 环境里这样做没什么问题，因为玩家基本上不用在远近物体上切换焦点。而在 VR 场景中，玩家需要不断切换远近焦点。在 OVRCamerRig 上挂载 Sprite 图片后，当玩家在准星和环境之间切换焦点时，会导致复视问题。这被称为主动复视，不仅令人讨厌，还会让一些玩家产生头痛的问题。

下面的步骤描述了创建准星的大概过程，其中利用了 z 距离帮助玩家进行射击瞄准。这样就不需要切换焦点了，因为准星将直接显示在环境物体上。

1）通过 **Hierarchy** 面板选择 Player 对象，逐级打开至 OVRCameraRig/TrackingSpace/CenterEyeAnchor 对象。

2）鼠标右键单击 CenterEyeAnchor，然后选择 **UI | Canvas**，新建一个 UI Canvas 作为 CenterEyeAnchor 的子对象，将其用作 Reticle 的容器。

3）重命名为 Cursor，并将其 **Render Mode** 改为 **World Space**。

4）将 CenterEyeAnchor 对象拖放至 **Canvas** 组件中的 **Event Camera** 字段。

5）向上返回至 **Rect Transform**，按以下值进行设置：

- **Pos X** = 0。
- **Pos Y** = 0。
- **Pos Z** = 0.3。
- **Height** = 100。
- **Width** = 100。

- **Rotation** =（0，0，0）。
- **Scale** =（0.001，0.001，0.001）。

6）鼠标右键单击 Cursor 对象，添加一个 **UI | Image** 元素。

7）将 Image 对象重命名为 Reticle，并按以下参数设置 **Rect Transform**。

- **Width** = 8。
- **Height** = 8。
- **Scale** = 0.1。

8）单击 **Source Image** 目标选择器，可以选择方形图片，也可以试试列表中其他的 2D Sprite 图片。另外，还可以自制 .png 图片，再导入到项目中。

9）选定图片源后，使用 **Color** 字段为其设置颜色。

10）最后，将 **Image Type** 设置为 **Simple**。

图 6-2 是 Cursor 和 Reticle 对象的 **Inspector** 面板的参考图。其中的值并不准确，需要在场景中进行测试和调整来确定最佳值。

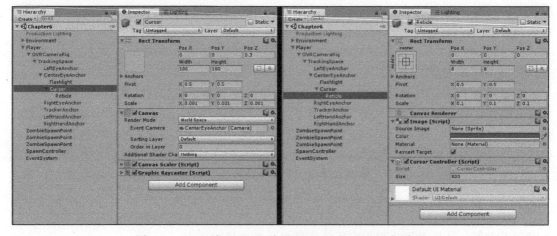

图 6-2　Cursor（UI Canvas）和 Reticle（UI Image）设置

11）单击 **Add Component** 按钮，添加一个新脚本 CursorController。

两个对象完成后，就可以着手编写脚本了。脚本的主要功能是靠 Physics Raycast 实现的。和 PlayerController 脚本中的功能一样，不同之处在于我们现在用它来确定哪个对象正在被凝视。

12）双击 CursorController，按以下内容编辑脚本：

```
using System.Collections;
using System.Collections.Generic;
using UnityEngine;

public class CursorController : MonoBehaviour {
    [SerializeField] float size = 800f;

    // Update 每帧调用一次
    void Update () {
```

```
RaycastHit hitInfo;
if (Physics.Raycast (Camera.main.transform.position,
Camera.main.transform.forward, out hitInfo)) {
    RectTransform rt = GetComponent<RectTransform> ();
    // 当射线击中对象时，这些语句将使准星产生形变，使其与命中点的深度和朝向相符

        rt.position = hitInfo.point + (hitInfo.normal * 0.1f);
        rt.transform.rotation = Quaternion.FromToRotation
        (transform.forward, hitInfo.normal) *
        transform.rotation;
    }

    Vector3 a = Camera.main.WorldToScreenPoint
    (transform.position);
    Vector3 b = new Vector3 (a.x, a.y + size, a.z);

    Vector3 aa = Camera.main.ScreenToWorldPoint (a);
    Vector3 bb = Camera.main.ScreenToWorldPoint (b);

    transform.localScale = Vector3.one * (aa - bb).magnitude;
}
}
```

总的来说，这段代码利用了一个 Physics Raycaster 在场景中查找对象。如果射线碰上某个对象，就在交点处对 Source Image 进行缩放和旋转。这样就给了我们一个准星，用于跟踪环境中玩家的头部运动，同时还给我们提供了一个瞄准点，其位置与 PlayerController 脚本中 Shoot（）函数用到的位置是一致的。就个人而言，我觉得这比大多数游戏中使用传统 2D Sprite 图片组件的方案要好得多。

另外一种构建 VR 环境准星的方法，可参考 Unity 官方论坛上的 VRInteractiveItem 脚本（https://unity3d.com/learn/tutorials/topics/virtual-reality/interaction-vr），或者参考由 YouTube 制作者 eVRydayVR 制作的准星深度教程（https://www.youtube.com/watch?v=LLKYbwNnKDg）。

6.2 设置气氛

想制作出一部僵尸题材的精品影片，第一步就是要建立起合适的气氛和背景。担心、害怕和孤立无助这几点可以很好地在观众中产生恐怖气氛，这也是我们场景中要用到的重要元素。

我们首先新建一个 Skybox。这个 Skybox 主要用来在游戏中营造出一种恐怖和不祥的感觉。在灰暗的天空下，僵尸从黑暗中走出来，然后不断追近玩家，这样就增加了场景中的恐惧感和孤独感。

1）新建一个材质 Dark Sky。在 **Inspector** 面板中将其 **Shader** 设置为 **Skybox/Cube-map**，如图 6-3 所示。

2）将 **Tint Color** 设置为黑色或接近黑色。可以选用 #0B0B0B00 先试试效果。

3）选择 **Lighting** 选项卡进行环境设置。将 **Skybox Material** 设置为刚刚新建的 Dark Sky 材质。

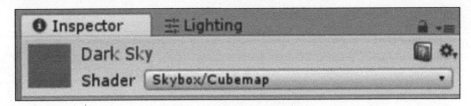

图 6-3　为新材质设置 Shader

4）向下滚动至 **Mixed Lighting**，取消勾选 **Baked Global Illumination** 选项。

5）再向下滚动至 **Other Settings**，勾选 **Fog** 选项。

6）设置颜色时和 Dark Sky 对象的 **Tint Color** 参数取相同的值，然后将 **Mode** 设置为 **Exponential**，并根据需要设置 **Density** 参数，先从 0.14 开始尝试，然后根据需要进行调整。

雾特效其实是在场景中所有对象上叠加一层颜色。叠加层的密度或透明度取决于对象距离摄像机的远近。更多有关此类后处理的信息可参考在线文档：https://docs.unity3d.com/Manual/PostProcessing-Fog.html。

7）如果你还没有完成这些步骤，先禁用 Production Lighting 游戏对象。

8）运行游戏，测试效果。测试后，适当调整灯光或 Skybox。

6.3　构建可执行应用

构建应用并不需要什么特别的设置，其过程和创建其他单机版应用类似。

1）从 **File** 菜单中选择 **Build Settings**。

2）确认 **Scenes in Build** 窗口中包含了 ShootingRange。如果没有的话，只要单击 **Add Open Scene** 按钮即可。

3）将 **Platform** 设置为 **PC，Mac，Linux Standalone**。

4）单击 **Build** 按钮，会出现一个对话框，询问保存应用的具体位置。一般会在项目的根目录专门建立一个 Builds 文件夹。现在就这么做吧，或者将应用保存到其他位置。

5）应用构建完毕后，退出 Unity，然后启动应用。

6.4　小结

我们介绍了使用 **Physics Raycaster** 实现凝视交互的一些技巧和流程。Unity 手册和 YouTube 通过文本和视频教程的形式提供了更深入的指导说明。

凝视输入仅仅是 VR 交互中的其中一种方式。我们已多次提及，Unity VR Interaction 教程是有关这一主题的巨大财富和宝藏。在开始规划和构建交互式 VR 体验前，请务必访问：https://unity3d.com/learn/tutorials/topics/virtual-reality/interaction-vr。

我们对本项目的探索到这就结束了，而你的学习之旅才刚刚开始。可以访问 **Asset Store** 下载一些适合游戏环境的资源包。

下面列出的是几个用于美化巷子的资源包：

- Street Alley Pack- 34 models：http://u3d.as/1CW。
- Urban City Series：http://u3d.as/9Bp。
- Modular City Alley Pack（见图 6-4）：http://u3d.as/w0i。

图 6-4　Modular City Alley Pack 中的资源

6.5　扩展体验

不要只是停留在对环境的美化上，可以考虑一些让玩家具有更好 VR 体验的其他特性。下面列出了一些可以尝试的挑战：

- 添加额外的重生点，或者将当前设置的重生点位置随机化，这样每次游戏开始时僵尸会出现在不同的位置。
- 现在僵尸是以固定速度移动。在 ZombieController 脚本中，尝试当杀死一只僵尸后，使 **Move Speed** 增加 0.25。这将提高一点对玩家的挑战性。
- 使用 **UI Canvas** 来实现健康 / 伤害系统。为玩家设置三条命，并记录抵达玩家位置的僵尸数量。
- 添加环境背景声音以增加悬念感。
- 添加武器，提升玩家的可视化体验。可尝试向 CenterEyeAnchor 添加 PM-40（http://u3d.as/mK7）。

第7章
嘉年华游乐场游戏（上）

本项目将会是我们探索 VR 的巅峰之作。迄今为止，我们已经尝试了静态场景，玩家在场景中可以和环境进行有限的交互。现在，我们将注意力集中在另外三种类型的交互上：导航、拾取和跟踪。

最终的项目是一个嘉年华场景，通过两个游乐场风格游戏来展示交互性。完成本项目后，你将能够制作出具有沉浸体验的娱乐类和教育类应用。没错，这些练习不仅能用来制作惊险刺激的热门 VR 游戏，同时还可以用来训练工厂的新员工、帮助用户缓解社交焦虑，或是以一种全新的方式展示数据。我们建议不要把目光和思维限制在手头的任务上，恰恰相反，我们要充分考虑虚拟现实所带来的更加广阔的可能性。

7.1　再现嘉年华游戏

英伟达（NVIDIA）技术公司做过一个名为 VR Funhouse 的 VR 演示应用，在 Oculus Rift 和 HTC VIVE 上都可以运行。游戏模拟了嘉年华游乐场中常见的游戏（见图 7-1），并利用 VR 控制器的精确手势和移动来进行控制。在本项目中，我们将重现打地鼠和扔奶瓶这两个游戏。

图 7-1　用于寻找灵感的嘉年华场景照片

7.2　前期制作

我们都参加过嘉年华活动。在游乐场里，我们玩着各种游戏、参加比赛争夺奖品，吃着各种食物，乐在其中。英伟达公司的 VR Funhouse 里面没有食物，而是包含了七个迷你游戏。玩家通过控制器操作游戏，涉及的交互包括射箭、舞剑、挥动木槌、投篮，以及用充满颜料的枪进行射击。

本项目要创建的东西会有所不同。我们并不会把现实世界照搬进游戏里，而是让玩家在虚拟空间中穿越，这样在嘉年华环境限定的游玩区内只用移动几小步，或者也可以使用瞬移功能进行移动。以这种方式，我们不仅能探讨 Rift 平台上的移动能力，还能探讨有关设计、脚本编程、测试和应用的部署。

作为前期制作阶段的一部分，我们需要勾画出游乐场的概念。参考了多个不同嘉年华布局后，我们选定了一种符合我们需要的设计方案。图 7-2 所示为三种设计构思，我们选择了其中的 C 方案——游戏摊位呈半圆形布置，这样移动起来更加方便，而且一眼就能看到所有游戏。这是我们的方案，但是不管是这个项目，还是本书中的其他项目，我们都希望你可以试着自己去布置场景，把书中的想法当作是一个起点，然后去拓展自己的作品。

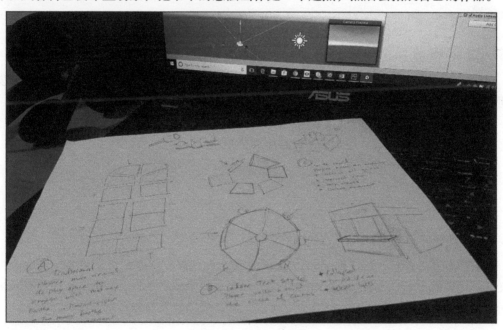

图 7-2　三种布局构思

7.3　特别提示

在我们开始前，需要注意一下撰写本书时所遇到的一个挑战。和大部分开发工具一样，开发人员一直在改进 Unity，扩展其功能。为了确保兼容性和准确性，我们使用了 3 个版本的 Unity 和 2 个版本的 OVRPlugin 对书中项目进行了测试。我们的目的在于为尽可能多一些的用户设置提供指导。但是尽管做了大量测试，我们还是饱受 Oculus 和 Unity 快速更新产品的折磨。平台、技术和方法不断演化，想要始终站在其前沿是极其困难的。

但凡可能，我们都为一些过程步骤提供了备选说明。读者如果需要获知 Unity 引擎最新特性和功能，可访问 https://unity3d.com/unity/roadmap。

7.4　需求

想要完成开发任务，你需要满足以下需求：

- 一套 Oculus Rift 设备，有过虚拟现实游戏和应用的体验经历。
- 控制设备（Oculus Remote 或 Touch Controller）。
- 符合指定规格的计算机系统。访问 Oculus Support 页面 https://support.oculus.com/rift/，以确保你的计算机满足系统需求。
- 已安装 Unity 5.6.x，或 2017.2 以上版本。

尽管我们会一步一步讲授整个开发过程，但是如果读者熟悉 VR 应用开发的一些最佳实践自然更好。可访问 https://developer3.oculus.com/documentation/intro-vr/latest/ 查看这些最佳实践。

7.5　过程概览

鉴于本项目所关联任务的大小和范围，我们将内容分解为两部分。第一部分为开发的早期阶段，包括软件环境设置、构建游戏环境及微导航系统的实现：

- Rift 平台 VR 开发前 Unity 设置。
- **加载 Oculus Virtual Reality Plugin**（OVRP）。
- 构建游戏环境。
- 克服晕动病。
- 实现移动。

7.5.1　Rift 平台 VR 开发前 Unity 设置

我们将使用 Unity 2017.3 或 Unity 5.x 的免费个人许可证，该许可证提供了对 Rift 的内置支持。只要是 Unity 网站上可获取到的许可证都是免费的。另外，构建 VR 应用并不需要事先安装好 Rift，但是在同一台计算机上安装好设备可以极大缩短开发时间。

 如果你刚好在设置你的 Rift 计算机，可访问 Unity 官网 Preparing for Rift Development 页 面 https://developer.oculus.com/documentation/unity/latest/concepts/unity-pcprep/，其中提供了有关 Oculus 开发准备的详细说明。

软件安装后，就可以创建一个新的 Unity 项目了。默认情况下，Unity 会将新项目存储在与上一项目相同的位置。我一般会为 Unity 项目创建一个单独的目录，内部再创建一些子目录，以保持项目整洁有序。

1）启动 Unity 并创建一个新项目。将项目命名为 Midway，并将其与其他项目存储在相同位置（见图 7-3）。

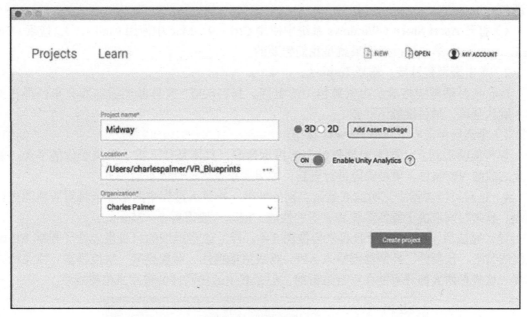

图 7-3　新建项目窗口

2）选择 **File | Build Settings...** 并将平台设置为 **PC，Mac，Linux，and Standalone**。单击 **Switch Platform** 按钮使更改生效。

3）选择 **Player Settings...** 按钮，或者依次选择菜单 **Edit | Project Settings | Player**。这将使 **Player Setting** 窗口显示在 **Inspector** 面板中。

4）**Inspector** 面板将打开 **PC，Mac，Linux，and Standalone** 设置。如果没有显示这些设置，则需要返回 **Build Settings** 窗口确认设置是否正确。

5）在 **Inspector** 窗口底部的 **XR Settings** 中启用 **Virtual Reality Support**。

6）如果列表中没有 Oculus SDK，则把它添加上。

7）关闭 **Build Settings** 窗口。

现在，已经能够用 Unity 来创建 VR 体验了。在单击 **Play** 按钮前，确保 Oculus 应用已在后台运行。这个应用还被用来启动游戏，以及在 Oculus Store 中进行搜索。单击 **Play** 按钮运行场景，场景将被加载到 **Game** 窗口和 Rift 头显中。但是由于我们什么游戏对象都没有添加，所以现在整个体验暂时会非常无聊。

测试时主摄像机是正常工作的，但是到了发布阶段它会被禁用，取而代之的是 OVR-CameraRig 对象，该对象包含了许多资源、脚本和功能。

7.5.2　加载 OVRP

Oculus Integration 资源包包含了开发 VR 应用所需的各种工具、预制件、范例和脚本。

资源包还包含了最新版本的 OVRPlugin。尽管该插件已经是 Unity 编辑器的组成部分,但是更新到最新版确保我们能够访问到最新的修订、脚本及资源。按以下步骤导入 OVRPlugin 资源包:

1)打开 **Asset Store**(Windows 系统中使用 Ctrl + 9,Mac 中使用 Cmd + 9),搜索 Oculus Integration。第一个搜索结果就是我们想要的。

2)单击资源包链接,选择 **Import**。

Import 对话框中将显示出资源包中的组件。我们构建 VR 体验所需的所有东西都在里面。确认全选,然后继续下一步。

3)全选后单击右下角的 **Import** 按钮。

你可能会看到几个脚本或插件过期的提示弹窗,具体是什么提示取决于你的平台、版本及之前的 VR 项目。单击确定进行更新,如果要求重启的话就重启一下。

4)这时可以去做个三明治或是做点别的趣事。在导入过程中图形显卡将对着色器进行编译。具体时间取决于操作系统和显卡的性能,但是一般需要 5 ~ 25min。

导入完成后,Asset 目录看起来会像图 7-4 一样。这些添加的目录里包含了控制 VR 摄像机的脚本、预制件、控制器的输入 API、高级渲染特性、对象拾取、触控脚本,以及调试工具。这些东西大部分都是在后台运行的,但是其中的预制件会被用来构建场景。

图 7-4 导入 Oculus Integration 包后的 Asset 文件夹

7.5.3 设置项目

安装 Oculus VR 软件包之后,我们现在开始关注环境的构建。这一步其实就是构建游戏发生的场景。但是和上个项目相比,这次我们的实现方式略有不同。不是一步一步地指导,而是通过构建一些模块,来组合搭建自定义的游乐场。

1)通过菜单 **Assets | Create | Folder** 创建以下文件夹:Animations、Audio、Fonts、Materials、Prefabs、Scenes 和 Scripts。后期创建的各种类型的资源将放入相应的文件夹中,以使 Asset 目录保持整洁有序。

2）选择 **File | Save As...**，将当前场景保存为 Main.unity，并放入 **Assets/Scenes** 文件夹中。

3）在 **Hierarchy** 面板中选择 **Directional Light**。将 **Shadow Type** 设为 SoftShadows，并在 **Inspector** 面板中将 **Realtime Shadows Strength** 设为 0.4。

4）在场景视图控制栏中将 **Draw Mode** 设置为 **Shaded Wireframe**。这是一项外观设置，可以辅助对齐或识别不同对象。图 7-5 所示为控制栏中该选项位置。

5）删除场景中的 Main Camera 游戏对象。这样做之后会在 **Game** 窗口显示 "Display 1 No cameras rendering" 的警告信息。我们将在随后添加一个新的摄像机。

图 7-5　在 Scene 视图栏中设置 Draw Mode 以更好识别对象

7.5.4　创建玩家化身

虚拟现实应用为玩家提供的是第一人称视角。由于交互性非常重要，所以 Oculus 还为多玩家或社交类应用提供了将手部和躯干可视化的相关工具。在以下步骤中，我们将添加 OVRPlayerController 预制件。该预制件包含了一个摄像机、跟踪工具及控制交互的脚本。

1）在 **Project** 窗口中的 OVR | Prefabs 目录下找到 OVRPlayerController。将该预制件拖放至 **Hierarchy** 窗口，并将其位置设置为（0，1.8，-8）。

2）展开 OVRPlayerController 直至显示 OVRCameraRig/TrackingSpace。将 LocalAvatar 从 OvrAvatar/Content/Prefabs 拖放至 TrackingSpace。

3）选择 LocalAvatar 对象，确保 **Ovr Avatar** 脚本下方的 **Start With Controller** 复选框没有被勾选。

4）在场景中添加一个 3D 平面，重命名为 Ground，将其 **Position** 设置为（0，0，-6），**Scale** 设置为（2.5，1，2）。

5）保存场景。

6）单击 **Play** 按钮运行。

尽管场景还是空的，我们现在可以看到场景中有一双虚拟手，如图 7-6 所示。手指被映射为触摸控制器上的不同按钮，所以触摸某个按钮将让虚拟手做出指向、抓握和松开的动作。

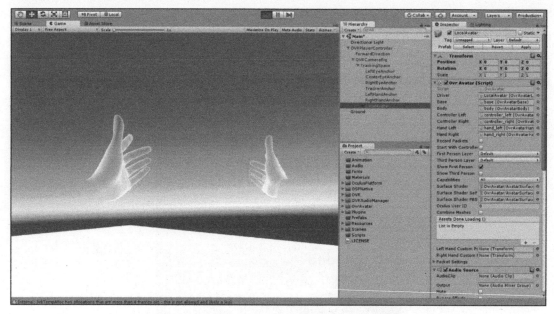

图 7-6　运行状态下显示手形控制器的 Game 窗口

7.5.5　设计游玩区

之前已经提过，我们将使用模块化方法来构建环境几何体。

灰盒（gray boxing，也称为 blue boxing、white boxing、blocking out 或 blocking in）是一个游戏开发术语，用来描述关卡设计时的早期布局阶段。设计人员用一些标准建模基本体（如立方体、平面、圆柱、球等）来创建一个游戏区的粗略布局。环境的细节非常有限，没有纹理、轮廓外形和光照，只有作为占位符的灰色物体，帮助设计人员参考尺寸、识别导航路线、寻找阻塞点、展示物理功能，以及测试对象上的碰撞器。

该方法允许快速迭代，因为一个人只要几分钟就能实现这种布局并对其进行测试，而不用花几天时间。灰盒这一术语源于没有颜色、纹理或材质的基本体。

在 2017 年 10 月，几个关卡设计师在 Naughty Dog 发起了推文话题 #blocktober。全球各地的设计人员很快响应起来，纷纷在他们的推文上展示了以前在开发工作室外鲜见的部分设计过程。图 7-7 所示为 **Twitter** 上发布的几个示例。但这仅仅是冰山一角。我们强烈建议你搜索一下 #blocktober，去找一些适合自己的例子。

我们的 Midway 项目也将采用类似方法，在场景中使用灰盒技术。我们不会去实现场景中物体的所有细节，而是只用灰色材质的简单 Unity 基本体来展示这些嘉年华游戏的玩法。

1）创建三种材质：BackgroundGrey、ForegroundGrey 和 InteractiveGrey。将背景颜色设置为暗灰色，前景设置为中度灰，交互材质则使用浅灰色。这样便于区分不同对象，使设计时更易集中精力。

2）将新建的材质移入 Materials 文件夹。

图 7-7　#blocktober 2017 中的一些例子

7.5.6　构建游戏环境

在开始构建环境之前，我们先进行吸附设置。吸附设置可以对游戏对象的移动、缩放和旋转进行约束。在设置多个对象的相对位置时这一技巧尤为有用。

● **网格吸附**（Control+ 鼠标拖动）：该方法使对象按照吸附设置发生变形。这些值都在 **Snap Setting...** 对话框中设置。

● **顶点吸附**（V+ 鼠标拖动）：该方法将当前选择的顶点吸附至另一物体的某个顶点上。单击 V 键将突出显示最近的那个顶点。

● **表面吸附**（Control+Shift+ 鼠标拖动）：该方法特别常用。

在选择对象后，按下快捷键会在对象中心处显示一个方形小玩意儿。抓住这个小东西将使该对象吸附至最近对象的表面上。

使用吸附设置可以在构建游戏环境时节省大量时间。在 3D 空间中对齐对象变得更为简单后，构建过程就变得更快了。按照以下步骤进行吸附设置，然后我们开始构建游戏环境。

1）从应用菜单中选择 **Edit | Snap settings...**（见图 7-8）。吸附功能可以让我们按预定增量对游戏对象进行相关操作。

2）在 **Hierarchy** 面板的根层次创建一个空游戏对象，重命名为 Environment，设置其位置为（0，0，0）。后期所有环境资源都放在该对象下。

3）将 Ground 资源移至刚刚创建的 Environment 对象下，并将其材质设置为 BackgroundGrey。

4）保存场景。

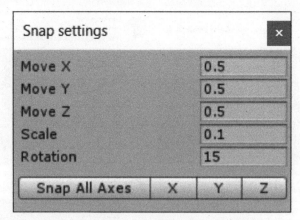

图 7-8　构建游戏对象前设置吸附参数

7.5.6.1　构建游戏摊位

下面，我们将构建一个通用的小屋子，用于布置游乐场摊位。这一快速原型将在细化阶段被替换掉，但是就现在而言，我们只需要把每个游乐场游戏的轮廓表示出来即可。

1）在根层次创建另一个空游戏对象，重命名为 Booth，将其位置设置为（0，0，0）。

2）创建 8 个立方体，作为 Booth 的子对象，按表 7-1 设置它们的相关参数。

表 7-1　构建摊位所需游戏对象

	Position	Rotate	Scale
WallBack	0, 1, 1.5	0, 0, 0	4, 2.4, 0.05
WallLeft	−2, 1, 0.5	0, 90, 0	2, 2.4, 0.05
WallRight	2, 1, 0.5	0, 90, 0	2, 2.4, 0.05
Roof	0, 2.4, 0	90, 0, 0	4.1, 3, 0.05
ColumnLeft	−2, 1, −1.4	0, 0, 0	0.1, 2.4, 0.1
ColumnRight	2, 1, −1.4	0, 0, 0	0.1, 2.4, 0.1
Counter	0, 0.9, −1.5	0, 0, 0	4, 0.05, 0.5
Kickboard	0, 0.45, −1.4	0, 0, 0	4.0, 0.9, 0.1
Sign	0, 2.5, −1.55	80, 0, 0	4.2, 0.02, 0.9

3）将所有立方体的材质都设置为 ForegroundGrey。

4）保存场景。

7.5.6.2　添加 3D 文本

在 Unity 中，文本可以创建为 2D Sprite 图片或是 3D 游戏对象。2D Sprite 图片常用作用户交互元素，可以添加到画布然后重叠显示在用户场景视图上。3D 元素也是一种游戏对象，与别的场景元素具有相同形态、组件和属性。本项目中，我们使用 3D 文本游戏对象来给摊位命名：

1）访问免费字体库（比如 1001freefonts.com 或 Fontspring.com），下载一种你喜欢的字

体。最好选择 TrueType 类型（.ttf 文件）或 OpenType 类型（.otf 文件）的字体文件。

2）将字体添加至项目中：在 **Project** 窗口中单击鼠标右键，选择 **Import New Asset...**，导入刚才下载的字体文件，然后将其移入 Font 文件夹。

3）选择字体，在 **Inspector** 面板中将其 **Font Size** 改为 90。

导入的字体资源的字号默认为 16 磅，但在场景中并不使用该字号来显示文本。渲染引擎会用该字号来创建文本网格。如果不修改字号，在游戏对象中使用的文本就会模糊不清。

图 7-9 所示为使用了 Arcon 字体而字号不同的 3D 文本对比。左侧文本使用默认 **Font Size** 为 16、默认 **Character Size** 为 1。而右侧文本的参数进行了一定调整，设置 **Font Size** 为 90，**Character Size** 为 0.17。可以看到右侧文本变得清晰明了。

图 7-9　设置导入字体资源的 Font Size 将使 3D 文本更加清晰

以下步骤列出了向场景中添加 3D 文本对象的具体过程。这些文本将放在每个游戏摊位的标志上方。

1）鼠标右键单击 Sign 对象，并选择菜单 **3D Object | 3D Text**。这将为 Sign 对象创建一个 3D 文本元素子对象。

2）在 **Inspector** 面板中，修改以下组件及其参数：

● **GameObject name** = BoothName。
● **Transform**。
● **Position**：(0，2.5，−1.55)。
● **Rotation**：(−10，0，0)。
● **Size**：(0.6，0.6，0.6)。

- **Text Mesh**。
- **Text**：Booth Title - This is placeholder text。
- **Character Size** = 0.1。
- **Anchor** = **Middle Center**。
- **Alignment** = **Center**。
- **Font** = 设置为字体资源名。

3）根据需要对游戏对象进行其他调整，以匹配场景。

7.5.6.3 创建摊位预制件

摊位已经创建完毕，我们还需要 3 个完整摊位对象的复本。但是我们并不使用复制操作，而是将其做成预制件。Unity 预制件是一种制作资源模板的便捷方式。预制件的实例包含了源对象的所有组件、属性和值，通过预制件可以很方便地对所有实例进行更改。创建预制件也很简单，所以在需要创建多个复本时都应该使用预制件：

1）将 Booth 对象拖放至 **Project/Prefabs** 文件夹。这样做将创建一个模板资源，用于在场景中创建其他游戏摊位，见图 7-10。

图 7-10　在 Project 窗口中预制件的图标是一个立方体，在 Hierarchy 窗口中预制件显示为蓝色文本

2）继续之前先保存场景。图 7-11 所示为到目前为止我们构建好的场景。

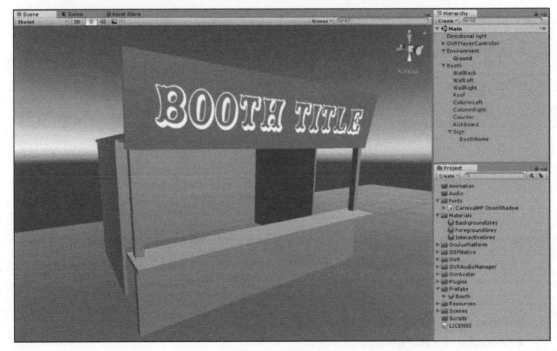

图 7-11　摊位构建

7.5.6.4　规划游乐场活动

我们的游乐场里将设置 3 个摊位，其中两个摊位上的游戏会在本教程中进行构建，而剩下的那个摊位将由你来亲自设计。所有摊位都使用预制件进行创建，并稍作调整。

1）再向场景中拖放两个摊位预制件。

2）将摊位依次重命名为 Bottle Smash、Wacky Moles 和 Closed。

3）导航至 **Hierarchy | BottleSmash | sign**，然后选择 BoothTitle 对象。

4）在 **Inspector** 窗口中，修改 **Text Mesh** 组件的 **Text** 值为 Milk Bottle Toss。

5）根据需要调整 **Character Size**。场景中的摊位应该和下一章要创建的游戏相对应。

6）为其余两个摊位重复以上步骤。

7）重新放置摊位，让它们一个挨着一个，或略微排列成弧形，便于玩家在不同游戏间移动。本例中，我们将 WackyMoles 摊位放置在原点（0，0，0）处，然后按图 7-12 所示调整另外两个摊位的位置。

这些摊位将是我们活动的焦点。我们将通过光照、色彩、缩放及物品摆放来吸引玩家到这块区域中。

7.5.6.5　在场景中添加嘈杂背景

杂乱通常不是个好东西。但是在游戏开发时，在场景中添加一些杂乱元素可以让场景感觉更加真实。回想一下你上次去参加嘉年华或去街头集市，除了游戏摊位之外，还有什么元素让体验变得更真实？是小贩摊位，异国风味的小吃车，机械游乐设施，还是活的动物？是城市街道、集市还是环境里的大山？发挥你的想象，去决定一个完整场景到底需要哪些元素。但是要记住一点，我们还是在灰盒阶段，所以细节方面还是要保持在最低水平。可使用空对象和文件夹使 **Hierarchy** 和 **Project** 窗口保持有序。

- 研究嘉年华照片。
- 添加一些基本游戏对象，使场景更充实。
- 保存场景和项目。

图 7-12 所示为游乐场环境示例，场景中还添加了一些辅助的元素。在制作摩天轮、垃圾桶、板条箱和入口标志之前，我们在 **Asset Store** 中找到一些树和围栏资源可以添加到场景中。

 Unity 自带一个简单易用的树编辑器。这个工具非常强大，可用来向项目中添加各种树木，更多信息可访问 TreeEditor 文档：https://docs.unity3d.com/Manual/class-Tree.html。

7.5.7　对抗 VR "疾病"

晕动病（Kinetosis）或运动病（Motion Sickness）是由于我们的视觉系统和前庭系统脱节产生的。即眼睛感觉在运动，而内耳却没有感觉到。这种冲突使大脑认为我们已经 "中毒"，并开始向身体发送信号，以冲洗一种不存在的 "毒素"。结果会因用户的敏感性而异，但它通常会引起不适、恶心、大量出汗、头晕、头痛、眩晕、过度垂涎，或以上所有症状。自 20 世纪 50 年代末以来，运动病、模拟病的数字版本在训练模拟器开发方面得到了美国军方的大力研究和记录。今天，这些相同的因素对许多游戏玩家来说也是如此，其效果似乎被 VR 体验放大了。

图 7-12　游乐场环境示例

语义上的微小差异：
运动病（Motion Sickness）是由于两个物理上相对运动的物体脱节而引起的，想一想在船上的乘客。模拟病（Simulation Sickness）是由于用户和数字环境之间的感知脱节引起的。

　　任何人都可能患上模拟病，因为我们还没有一个明确的技术解决方案。如何管理和缓解这些问题还是要靠开发人员的不懈努力。以下几个小节将介绍缓解模拟病影响的 6 种技术。

7.5.7.1　消除非前向移动

　　运动是模拟病的最大原因，尤其是与我们在现实世界中行为方式相反的运动。非前向运动在计算机游戏中很常见，玩家可以在一个方向上移动，而在另一个方向上观察。并非在所有情况下都能消除这种类型的运动，但能少则少。一个建议是，当观察方向与运动矢量的夹角大于 15°～25° 时，要大大降低玩家的速度。

7.5.7.2　考虑添加 UI 叠加

　　对我来说，观看区域中的叠加部分或静态部分可大大减少模拟病。添加叠加并不是所有情况都管用，但请记住，创建辅助玩家感知世界的屏幕区域对于许多用户都是有益的。
　　图 7-13 所示为一组 UI 叠加示例，这些示例使玩家沉浸在 VR 体验的同时，也减少了模

拟病。图片从左上角顺时针依次显示为：

- *EVE: Valkyrie* 中的驾驶舱环境。
- *Valiant* 中的头盔面罩。
- *Time Rifters* 中的持久界面元素。
- 来自普渡大学研究人员的一个例子。

通过在画面中添加一个假鼻子，模拟疾病减少了 13.5%。

图 7-13　UI 叠加示例

7.5.7.3　减少加速

控制我们平衡的前庭系统对加速度非常敏感。速度和角运动的变化更容易让人患病。如果需要让车辆移动，请尽量保持速度恒定，并限制其曲线移动，同时还要减少跳跃的次数。

7.5.7.4　减少偏航

偏航（Yaw）通常是指交通工具围绕垂直轴向左或向右转动。在 VR 应用中，该动作通常由用户的头部控制。但在某些情况下，设计人员会使用模拟杆、键盘或其他控制器输入来进行偏航控制。这是让用户患病的最快方法之一。如果需要 360° 自由度，我们通常让用户站立或坐在转椅上。

7.5.7.5　减少相对运动

当观众的视野的很大一部分都发生移动时，观看者就会感觉他们已经移动了。这种运动错觉被称为相对运动，它也能导致运动病。

7.5.7.6 使用恰当的运动方式

玩家应该能控制所有运动。头部摆动、慢动作和轴旋转（扭动摄像机）等功能令人烦躁，还会增加玩家的不适感。如果确实需要，必须谨慎使用，并限制在短时间内使用。

在"蜘蛛侠：英雄归来"虚拟现实体验中，CreateVR 结合使用叠加和有限运动来重现蜘蛛侠的招牌式甩网动作。玩家选择锚点目标并发射一束蛛网。然后，运动控制切换到一个系统，该系统包含了一个大约 3s 的摆动序列，以对焦叠加作为结尾，并将玩家转移到目的地（见图 7-14）。

图 7-14 将叠加和运动进行混合，以缓解玩家的不适感

这个话题在媒体中得到了广泛而深入的讨论。要了解更多信息，可查看以下几个链接：

● 最大限度地减少 VR 游戏中的模拟病相关设计（强烈推荐）：https://www.youtube.com/watch?v=2UF-7BVf1zs。

● VR 摄像机移动技术：https://uploadvr.com/introducing-limbo-a-vr-camera-movement-technique-by-the-developers-of-colosse/。

● VR 环境中的模拟病：http://oai.dtic.mil/oai/oai?verb=getRecord&metadataPrefix=html&identifier=ADA295861。

● 预防运动病的 11 种方法：https://riftinfo.com/oculus-rift-motion-sickness-11-techniques-to-prevent-it。

接下来，我们将关注如何为用户构建舒适的 VR 体验。

7.5.8 实现移动

我们的最终应用将允许通过物理运动进行微导航。这些运动可以被 Rift 的传感器和触摸控制器捕获，从而检测出行走、抓握和摆动等行为。但是，我们的环境大概有 $21m^2$，这比 Rift 一般设置空间 $3.9m^2$ 要大得多。这意味着我们需要一个不同的机制来进行宏导航。

如上一节所述，大尺度移动需求是虚拟环境中不适感的常见原因。我们需要一个仅使用前向运动、至多需要少量的加速度、不支持头部旋转的解决方案，并为玩家提供一种掌控感。实现这些要求的一个简单方法是基于凝视的传送。

7.5.8.1 基于凝视的传送系统

在基于凝视的传送中，系统将为玩家凝视的位置提供视觉反馈，玩家使用控制器输入（手势或按钮单击）进行响应，传送过程中的过渡效果可有可无。对于我们的游乐场，我们将提供一个游戏对象作为传送目的地，同时用于表明玩家正在凝视此处。只有当玩家凝视地面传送位置时，才能显示此对象，表示希望前往该位置。然后，我们将映射主控制器按钮，以触发 LocalAvatar 游戏对象的位置变换。请记住，该对象包含了 POV 摄像机、手形

控制器和玩家的碰撞器。对于用户来说，它们似乎已被传送到新位置，其朝向和倾斜位置
值都保持不变：

1）创建一个根层次的空游戏对象，将其重命名为 TeleportSystem，并将 **Transform** 组
件的 **Position** 设置为（0，0，-4）。该游戏对象将包含玩家所有的宏导航资源。

2）在 TeleportSystem 下添加一个立方体，将其 **Position** 设置为（0，0，0.66），**Scale**
设置为（3.8，0.01，3.5），并重命名为 TeleportArea（1）。

TeleportArea 对象将用于指示玩家可访问的区域。一旦准备好其他资源，我们将复制
TeleportArea 以匹配空间大小：

1）创建一个名为 TeleportTrigger 的新图层。

2）将 TeleportArea（1）赋给 TeleportTrigger。

3）在 TeleportSystem 下添加一个圆柱，将其 **Position** 设置为（0，0.005，0），**Scale** 设
置为（1，0.0025，1）。

4）将圆柱重命名为 TeleportTarget，然后将胶囊碰撞器的 **Is Trigger** 设置为 true。

5）新建一个 C# 脚本 Teleporter，并将其移入 **Script** 文件夹。

6）将脚本赋给 LocalAvatar 对象。

7）双击 Teleporter 脚本，打开编辑器。

为了便于讲解，我们将 Teleporter 脚本分成了多个部分。执行以下步骤以创建所需功能。

8）添加 teleporter 和 layerMask 变量。

```
using System.Collections;
using System.Collections.Generic;
using UnityEngine;

public class Teleporter : MonoBehaviour {
    [SerializeField] GameObject target;
    [SerializeField] LayerMask layerMask;
```

9）删除 Start（）函数，并按以下内容修改 Update（）函数：

```
void Update () {
    RaycastHit hit;
    if (Physics.Raycast (Camera.main.transform.position,
    Camera.main.transform.rotation *
    Vector3.forward, out hit, 9999, layerMask)) {
        target.SetActive (true);
        target.transform.position = hit.point;
    } else {
        target.SetActive (false);
    }
    if (Input.GetButtonDown("Button.One") ||
        Input.GetButtonDown("Button.Three")) {
        Vector3 markerPosition = target.transform.position;
        transform.position = new Vector3 (markerPosition.x,
        transform.position.y, markerPosition.z);
    }
  }
}
```

Update（）函数中首先创建了名为 hit 的 **RaycastHit** 对象，然后检测射线是否与 layer-Mask 层上的对象相撞。如果检测到命中，则使 target 对象可见，并移动到射线与 layerMask 层的交点位置。该语句还负责在没有命中时隐藏 target 对象。

第二个 if 语句用于检查控制器上的特定按钮（右侧的 Button.One 或左侧的 Button.Three）是否被按下，触摸控制器按钮映射关系见图 7-15。如果检测到按钮事件，则先将 target 对象的位置存储下来，再将玩家位置设置为相同值。这样就实现了传送，因为我们将玩家移动到了一个新的位置，并立刻改变了玩家在场景中的视角。

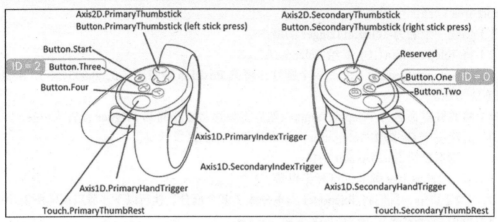

图 7-15　触摸控制器按钮映射关系

7.5.8.2　触摸控制器按钮映射

尽管我们使用的是 X 和 A 两个按钮，但是你完全可以根据自己的需要使用其他按钮组合。Unity 文档为 Oculus、Gear VR 和 VIVE 控制器提供了完整的映射：https://docs.unity3d.com/Manual/OculusControllers.html。映射包含每个按钮的名称、交互类型和 ID。Unity 需要利用这些值来处理按钮输入。

由于 OVRPlugin 或 Unity 的版本不同，Teleporter 脚本可能无法正常工作，你可能还需要为控制器按钮添加输入设置。执行以下步骤以映射控制器输入：

1）从主菜单中选择 **Edit | Project Settings | Input**。

2）**Inspector** 面板现在显示的是 Unity 按钮映射关系。如果列表为空，可以单击 **Axes** 标题显示出其中的选项。

3）如果列表中没有 Button.One，则复制一条已有的条目，并按图 7-16 所示修改其设置。其中的文本务必要完全一致，包括大小写、空格和下拉值。

4）选择 LocalAvatar 对象。

5）脚本中需要指定两个变量。将 TeleportTarget 对象拖放至 Target 变量上，将 Layer Mask 设为 TeleportTrigger。

6）在测试脚本前，将 Tracking 对象的 **Position** 值设置为（0，1.8，-6），**Rotation** 值设置为（0，0，0）。

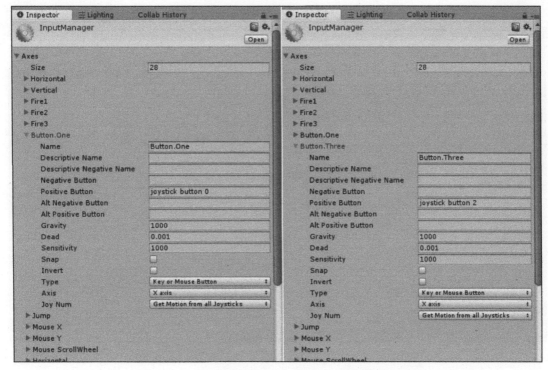

图 7-16　为 Button.One 和 Button.Three 添加数组元素

如果我们现在尝试运行场景，所有东西都能正常工作，除了传送时会把我们传送到 TeleportArea 对象下方。这是因为 OVRCameraRig 是基于摄像机眼部高度来跟踪玩家位置的。我们可以通过修改跟踪类型来解决这个问题：

1）选择 OVRCameraRig 对象，并查看 **OVR Manager** 脚本组件。在 **Tracking** 标题下有一个 **Tracking OriginType** 属性，将其改为 **Floor Level**。

2）运行场景。

当你看着 TeleportArea（1）对象时，传送目标将会跟随你的目光移动。当传送目标可见时，单击 X 或 A 按钮将让你传送到目标位置。通过复制增加 TeleportArea（1）对象可以扩大传送范围。

3）新建两三个 TeleportArea（1）对象的副本。合理放置其中两个对象，使玩家便于访问 Wacky Mole 和 Bottle Smash 摊位。你也可以添加到其他位置以便玩家在场景内移动。图 7-17 所示为游戏对象的一种简单布局。在考虑传送位置时建议遵从以下几点：

● 选择位置位于玩家感兴趣的区域内。

● 将传送区域保持在地面高度。

● 避免传送区互相重叠。有时候这会导致场景中出现闪烁和视觉伪影。

● 关于当原子被瞬间传送到同一空间时会发生什么，科学界争论不下。领先的理论认为电子云的重叠会产生非常大和潜在的混乱——核爆炸。因此，为了安全起见，要避免将玩家传送到任何固体物体中。

4）禁用每个 TeleportArea（x）对象的 Mesh Renderer 组件。这将使其变得不可见，但是对于 Teleporter 脚本生成的 Physics Raycaster 来说，对象的碰撞器依然可用。

5）保存项目和场景。

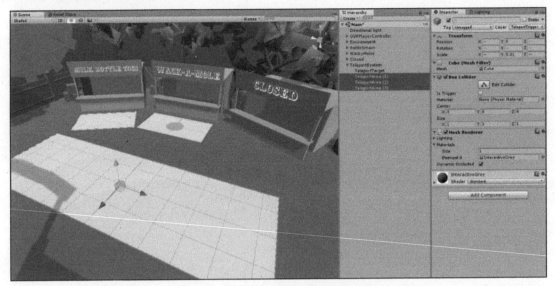

图 7-17　添加 TeleportArea 对象以访问场景中不同区域

7.5.8.3　禁用摇杆控制（可选）

OVRPlayerController 预制件包含了 OVRPlayerController 脚本。该脚本实现了很多好的功能，同时也有利于摇杆控制。摇杆控制使用触摸控制器的模拟摇杆来进行定向移动和旋转。在开发期间，它提供了一种在 VR 场景中快速移动的方法。但是在实际应用中，它会导致运动病，原因如下：

● 它引入了非前向运动。

● 它增加了相对运动。

● 它将横滚控制权交给了触摸控制器。

我们一般会取消掉摇杆控制，或至少是将其暴露在 **Inspector** 中，这样它才是可控的。以下步骤并非必须，但是为了玩家的舒适感强烈建议这么做：

1）在 **Project** 窗口中找到 OVRPlayerController 脚本。在 1.21.0 版本，脚本位于 **OVR | Scripts | Util**。

2）在编辑器中打开脚本。

脚本中的 UpdateMovement（）函数用于控制玩家移动。该函数包含了一系列的 if 语句，定义了玩家应该在何时移动、怎样移动。理论上，我们可以注释掉几行代码来实现禁用摇杆的目的。但是我们并不这么做，我们将简单地利用已有公式来计算移动距离。

3）找到 private float 类型变量 SimulationRate，将其值设置为 0。由于该变量是用来计算到控制器的线性距离的，所以把它设置为 0 将禁用摇杆控制。不幸的是，计算玩家自由落体时受重力影响产生的速度也是用的这个变量。为了解决这个问题，我们将为下落过程新建一个变量。

4）在下面一行，新建一个 float 类型变量 FallRate，并将其设置为 60f。

5）将下面语句中的 SimulationRate 变量改为 FallRate。

（~208 行）
```
FallSpeed += ((Physics.gravity.y * (GravityModifier * 0.002f)) *
SimulationRate * Time.deltaTime);
```

（~210 行）
```
moveDirection.y += FallSpeed * SimulationRate * Time.deltaTime;
```

7.6　使对象可抓取

我们的嘉年华游乐场目前进展良好，传送功能也已就位，场景中的 VR 体验正在逐步变得充实。下一步要构建的函数，将使我们在打地鼠游戏中能够拿起东西，而在扔奶瓶游戏中可以把东西扔出去。如果你用过 OVRGrabber 和 OVRGrabble 这两个脚本，可直接阅读下一节。

如果你是首次使用这些脚本，请按以下步骤操作：

1）逐步展开 OVRPlayerController 对象，找到其中的 TrackingSpace，如图 7-18 所示。

2）在 LeftHandAnchor 上单击鼠标右键，并选择菜单 **3D Object | Sphere**。将球体重命名为 LeftGrabber，并将其 **Scale** 设置为（0.2，0.2，0.2）。

3）对 RightHandAnchor 执行相同操作，并将对象命名为 RightGrabber。图 7-18 所示为添加到相应锚点下作为其子对象的 LeftGrabber 和 RightGrabber。

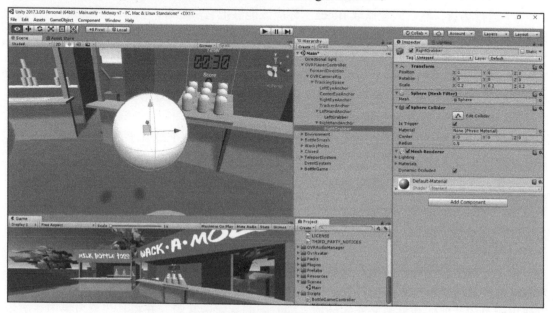

图 7-18　创建 LeftGrabber 和 RightGrabber 以便抓取物体

4）单击 **Play** 按钮，戴上头显进行测试。

两个球体现在可以吸附到指定位置，并跟随触摸控制器的手部移动。现在，对象准备就绪，我们可以向对象锚点添加其他 OVR 脚本。一旦脚本能够正常运行，就可以禁用抓取器的网格渲染器，设置如下。

1）将 **OVR | Scripts | Util | OVRGrabber** 脚本拖放至 LeftHandAnchor 上。

2）现在 LeftHandAnchor 对象上具有一个 OVRGrabber 脚本及一个 Rigidbody 组件。

3）在 Rigidbody 组件中，取消勾选 **Use Gravity** 选项，之后勾选 **Is Kinematic** 选项。不做这一步操作，我们的"手"将直接掉到地上，而不是随我们一起动。

4）在 **OVR Grabber** 脚本组件中，将 **Grab Volume** 的大小设置为 1。

5）单击 **Grip Transform** 的目标选择器，并选择 LeftGrabber。由于 LeftGrabber 的位置就是手的位置，所以将其设置为 LeftHandAchor 的 **Grip Transform** 意味着当我们抓取物体时，该物体的位置会被锁定至 LeftGrabber 球体的位置。

6）单击 **Grab Volume** 中 **Element 0** 的目标选择器，再次选择 LeftGrabber。这里将使用 LeftGrabber 碰撞器来决定物体是否可以被抓取。

7）下一步，选择 L Touch 作为 Controller 的值。

8）选择 LeftGrabber，然后勾选球体碰撞器中的 **Is Trigger** 复选框，将其设置为 true。

9）对于 RightHandAnchor 和 RightGrabber，重复步骤 1）~8）。

现在可以使用触摸控制器来抓取对象了，但我们还必须定义哪些对象可以被抓取。由于我们没有创建任何游戏道具，所以我们将使用一个简单的立方体来进行测试：

1）在场景中添加一个立方体，重命名为 Block，将其 **Scale** 设置为（0.2，0.2，0.2）。

2）为 Block 对象添加一个 Rigidbody 组件及 **OVR | Scripts | Util |OVRGrabbable** 脚本。

3）运行场景，然后试着抓取 Block。你应该能够把它拿起来，从一只手放到另一只手，还能把它丢到空中。

最后一步是将球体替换成手的形状。为此，我们将停用球体的网格渲染器：

1）同时选择 LeftGrabber 和 RightGrabber，在 **Inspector** 面板中取消勾选 Mesh Renderer 组件。此方法之所以有效，是因为我们只利用了每个抓取器上的球形碰撞器。

2）保存场景，然后单击 **Play** 按钮。

如果一切正常，你应该在场景中看到两只手，而不是两个球。手的行为和球体一样，只是现在控制器会对按钮的按下、悬停和拉动扳机等动作做出反应。

现在，我们知道了如何使对象可抓取。借助这种方法，就可以在游乐场游戏中使用木槌和垒球了。

7.7 小结

在下一章中，我们将构建在场景中畅玩游戏所需的各种游戏道具、动画和脚本。但是现在，也许是时候增加更多的环境杂物了。我们的小场景中是否缺少一些东西或活动？可以使用简单的几何体和材料来充实环境，同时限制玩家的视野，并将其注意力集中在游乐场摊位上。

可能要添加的对象列举如下：

- 较小的游戏摊位（售票点，算命、扣篮或大力士游戏）。
- 小吃摊（棉花糖、热狗、油炸串串……）。
- 越过栅栏或透过树木缝隙可见的远处游乐设施。
- 系在摊位上的气球或其他元素。
- 随机放置的箱子、桶和垃圾箱。

第8章
嘉年华游乐场游戏（下）

上半部分的目标是构建整个环境，我们一起构建了游戏区及用于空间导航的传送系统。下半部分将重点介绍如何构建游乐场游戏的游戏体验。这将包括使用基础形状来制作道具、构建状态机来控制动画以及编写玩家和道具交互的脚本。但在此之前，我们先讨论几种不同的备份技术。

8.1 备份项目

我们在这个项目上已经做了很多工作。根据墨菲定律或菲纳格定律，越怕出事，越会出事。在以计算机为中心的生活中，像计算机崩溃、文件损坏、数据丢失等类似事情是不可避免的。虽然事情不可避免，但我们可以采取预防措施来减轻损失。第一是要经常保存，而第二则是要经常备份。

我们可以创建 3 种主要类型的备份。虽然这些方法通常与开发人员的经验水平相关，但还是应该根据具体情况决定用哪种方法。

8.1.1 本地备份

对于新手来说，本地备份是最简单的方法。备份过程仅仅是创建整个 Unity 项目文件夹的副本或压缩包。有的用户通过将项目中的游戏资源导出为一个包来进行备份。虽然在项目间移动资源时很管用，但是这种方法导出的包中无法保留项目的不同设置。

8.1.2 Unity 协作

这是小团队内部成员之间分享和同步工作用的云服务，同时也是将项目保存在远程服务器上的绝佳办法。启用后，项目中发生的任何改变都将记录在案，并与远程服务器上的副本进行比较。当本地变更准备好了与远程项目目录同步时，只要简单地单击一下 **Publish Now** 按钮就可以了。有关协作及其他 Unity 服务的详情，可访问 https://unity3d.com/unity/features/collaborate。

8.1.3 软件版本控制服务

版本或源代码控制是一种在软件开发中组织和跟踪修订的方法。其优势在于能够恢复到以前的修订，并支持多用户同时工作。有关实现版本控制的详细信息，可访问 Unity 文档的 Version Control Integration 部分：https://docs.unity3d.com/Manual/Versioncontrolintegration.
html。

 注意：在开发时，出现了一个 "No Oculus Rift App ID has been provided" 提示。
这个警告可能会出现在 **Game** 窗口的底部。有时为获取某些特定用户的 Oculus
化身，要求必须要有一个 App ID。在构建原型和测试体验阶段可以选择忽略此
警告。

8.2 游乐场摊位游戏

和现实世界一样，VR 游戏也是发生在一个个单独的摊位上。这样可以把各项活动分隔
开来，从而让玩家在场地里四处转转。在编辑交互脚本前，我们需要先把道具准备好。这
些道具将是我们场景中的交互元素，每个游戏中的道具都不相同。

我们先从打地鼠游戏开始，结束后再看扔奶瓶游戏。打地鼠游戏需要以下道具：

- **游戏桌**：游戏发生的场所。
- **地鼠**：要击打的目标。
- **记分板**：显示倒计时和玩家分数的 UI 元素。
- **木槌**：敲击装置。

8.2.1 打地鼠道具

我们需要一个空游戏对象用于放置地鼠游戏本身。该基本资源将包含可视化弹出的地
鼠所需的所有组件。但是首先我们要修改一下场景，以使我们的注意力集中到新对象上来。

1）选择 Environment、BottleSmash、WackyMoles、Closed 和 TeleportSystem 对象（即
除了光照和 LocalAvatar 外的所有对象）。

2）在 **Inspector** 窗口中取消勾选 **Active** 复选框，将刚才选中的对象隐藏。

现在我们的场景是空的，所以我们可以在原点附近安心操作，而不用担心会不小心修
改了任何环境元素。我们将利用这个空间来构建打地鼠游戏中的游戏组件、音效、脚本及
动画。一旦构建完成后，我们再将主要的游戏对象移动到合适的位置上。图 8-1 可作为参考
图，在构建过程中我们会时不时参考这个图。

8.2.1.1 游戏桌

我们将从构建游玩平面区域开始。这是一个简单的桌面，地鼠会从中冒出。在灰盒环
境中，我们可以使用占位符来确定相对大小、形状，以及环境对象之间的距离。所以，我
们只用了一个简单的立方体，而非上面带有 9 个洞的桌子。

1）新建一个空游戏对象，并将其命名为 MoleGame，将其置于（0，0，0）位置。这将
作为我们的主容器。

2）再新建一个空游戏对象作为 MoleGame 的子对象，并将其命名为 GameTable。

3）在（0，0，0）处新建一个名为 Tabletop 的立方体，将其作为 GameTable 的子对象。

4）将 Tabletop 的 **Scale** 设置为（1.1，0.06，1.1），并将其材质设置为 ForegroundGrey。

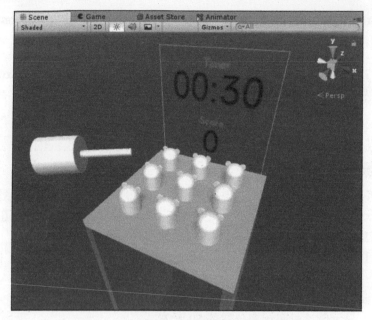

图 8-1　打地鼠游戏道具最终效果参考图

要记住 GameTable 只是一个占位符。在测试游戏的交互和玩家的参与度后，GameTable 对象将被一个带孔的建模资源替换，地鼠将从这些孔中冒出。目前，Unity 没有任何针对网格的原生布尔操作函数，但有这样的资源包提供此功能。如果要加减网格对象，请在 **Asset Store** 中搜索 **constructive solid geometry**（**CSG**）继续完善游戏桌，操作如下所示。

1）在 GameTable 对象下新建两个立方体，将其 **Scale** 设置为（0.06，2.4，1.1）。

2）重命名为 SideLeft 和 SideRight，并使其吸附在 Tabletop 的两侧（见图 8-2）。这几个对象都不是必需的，但是有了它们之后，可以帮助隐藏下部游戏空间。

3）将 SideRight 和 SideLeft 的材质设置为 BackgroundGrey。

4）保存场景。

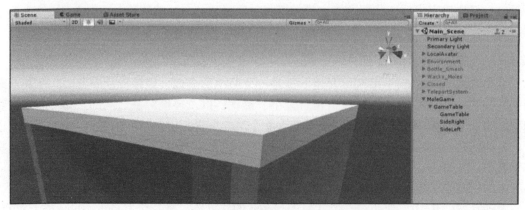

图 8-2　带两侧支撑的 GameTable 细节

8.2.1.2 地鼠

在 Asset Store 中有很多地鼠资源，最低售价大概 4 美元，但是我们这次不会花钱去买任何东西，而是自己来构建灰盒地鼠资源。我们使用一些简单的形状和一个动画来构建地鼠，并用一个空游戏对象容器来存放地鼠，该空对象同时也作为定位工具。

1）新建一个空游戏对象 MolePosition（1），并将其作为 MoleGame 的子对象。该对象将用于存储地鼠资源，并用于在场景中对地鼠进行定位。

 如果我们准备复制游戏对象，可以在要复制的对象名称后添加（1），这样在复制对象时序号会自动增加。

2）再新建一个空游戏对象 Mole，并将其设置为 MolePosition 的子对象。有了容器后，就可以开始构建地鼠了。

3）在 Mole 下添加一个胶囊，重命名为 Body，将其 **Position** 设置为（0，0.17，0），**Scale** 设置为（0.2，0.2，0.15），材质设置为 InteractiveGrey。

4）最后，用两个圆柱给地鼠当耳朵，分别命名为 EarLeft 和 EarRight，并将其设置为 Mole 的子对象。将 **Transform** 组件的 **Rotation** 设置为（−90，0，0），**Scale** 设置为（0.05，0.005，0.05）。**Position** 的值可以试试（−0.06，0.35，0.025）和（0.06，0.35，0.025）。将材质设置为 InteractiveGrey。

我们只用灰盒对象构建最基本的必需品。在这个前提下，这些对象足以说明对象的大致尺寸和形状。增加耳朵和减少 z 方向缩放值将有助于检测对称形状是否存在任何错误旋转。

5）为 Mole 对象添加一个胶囊碰撞器组件。按以下值调整胶囊碰撞器的相关设置：

- Center =（0，0.17，0）。
- Radius = 0.09。
- Height = 0.43。
- Direction = Y-Axis。

如果你使用的地鼠对象有所不同，在设置胶囊碰撞器时应该让它比资源尺寸略微大些。这表示当木槌碰撞器和地鼠碰撞器接触时发生碰撞的区域。

6）保存场景。

7）为 MolePosition（1）添加一个 Rigidbody 组件，并设置参数如下：

- Use Gravity = Off。
- Is Kinematic = Off。
- Interpolate = None。
- Collision Detection = Continuous Dynamic。
- Freeze Position：所有值都勾选。
- Freeze Rotation：所有值都勾选。

8）为 MolePosition（1）添加一个新脚本 MoleController。将 MoleController 脚本移入

Scripts 文件夹。

该脚本用于控制地鼠的行为。这个脚本还决定了地鼠什么时候冒出来，以及当木槌与地鼠胶囊碰撞器发生接触时会发生什么。我们在构建完得分机制、地鼠动画和动画状态机之后，会再回过头来定义这个脚本。

8.2.1.3　记分板

游戏中的挑战在于在 30s 内看看玩家能够打中多少地鼠。这还是很有挑战性的，因为地鼠是在一大片区域内以随机时间间隔出现的。我们意在创建好玩的体验，但是在游戏能玩之前我们无法评估游戏有多好玩。

记分板用于显示剩余时间和打中的地鼠数量。它由一系列 UI 文本元素组成，并由一个游戏控制器脚本进行更新。

1）通过 **UI | Canvas** 在 MoleGame 对象上添加一个画布，并将其重命名为 ScoreBoard。

2）首先将 **Render Mode** 设置为 **World Space**。必须要先设置 **Render Mode** 是为了访问对象的 Rect Transform 组件。

3）按照下面的值设置 Rect Transform 组件：

- **Position** =（0, 0.6, 0.55）。
- **Width** = 100。
- **Height** = 100。
- **Scale** =（0.01, 0.01, 1）。

设置完这些值后，记分板将位于桌子稍靠后一点的位置，其下缘刚好低于桌面位置。可参考图 8-1。

4）通过 **UI | Image** 向 ScoreBoard 对象添加图片，并将其重命名为 ScoreBackground。这将为 ScoreBoard 对象创建一个白色的背景。你可以随意改变颜色设置，或是禁用 Image 组件，以使其与环境美学相符。

5）添加 ScoreBoard 的另一个子对象。这是一个叫作 Timer 的 UI 文本元素。设置其属性如下：

- **Width** = 90。
- **Alignment** = Center Top。
- **Horizontal Overflow** = Overflow。
- **Vertical Overflow** = Overflow。

6）将 Timer 元素复制两次，并分别命名为 Labels 和 Score。

7）按照以下内容修改 Text 组件的默认值：

- **Timer** = 00:30。
- **Score** = 0。
- **Label** = Timer <return>Score。

8）对场景中各元素进行合理布局。调整行间距属性，使 Label 文本适当展开。同样，在布局记分板时参考一下图 8-1 可能会大有帮助。

8.2.1.4 清晰 UI 文本

在第 7 章中，我们展示了清晰 3D 文本的制作过程。UI 文本的方法并不一样。下面的步骤是可选步骤，并且需要导入新的字体资源：

1）访问 1001freefonts.com 或 Fontspring.com 网站，为标签、分数和计时器文本字段查找并下载合适的字体。最好选择 TrueType（.ttf 文件）或 OpenType（.otf 文件）字体。

2）将字体文件导入 Unity，并移至 Fonts 文件夹。

3）逐个选择字体，在 **Inspector** 面板中将其 **Font Size** 从 16 增加至 90。

4）选择 **MoleGame | ScoreBoard | Timer**，修改其 Rect Transform 组件的 **Scale** 为（0.25，0.25，0.25）。将 Text 脚本中的 **Font Size** 增加至 150。

5）对 Labels 和 Score 元素重复此过程。

8.2.1.5 木槌

下一个道具是木槌，在嘉年华游戏中，用木槌来打或砸东西从而获取积分和奖品。在我们的虚拟世界中，木槌可以塑造成任何你想要的形状。就我们而言，形状越古怪，体验越好。图 8-3 所示为一些不同样式的木槌，但我们强烈建议你发挥自己的创意，去尝试各种不同的形状。

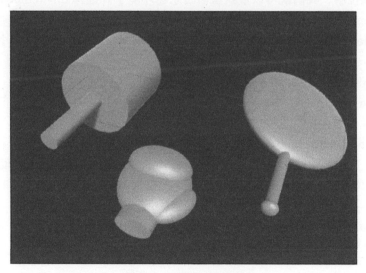

图 8-3　不同样式的木槌

无论使用哪种形状，都还需要几个组件才能与场景元素进行正确交互。首先是碰撞器，需要使用它来确定两个对象是否相互接触。稍后，我们将编辑 MoleController 脚本以识别碰撞并相应地更新记分板。但是，要使该脚本正常工作，我们需要确保我们的木槌至少有一个网格、盒子或胶囊类型碰撞器挂载至最外层的游戏对象容器上。

另外，我们还需要 OVRGrabbable 脚本。OVRGrabbable 提供抓取和投掷对象的能力。这个脚本的惊人之处，在于它可以处理的情况非常多，其易用性不输于任何拖放工具。在将脚本应用于我们的木槌时，只需要调整几个属性即可。更多有关 OVRGrabbable 脚本的信息，可访问 Oculus Utilities for Unity 网页 https://developer.oculus.com/documentation/unity/latest/concepts/unity-utilities-overview/。

下面的步骤详细展示了该怎样构建和设置典型的嘉年华木槌。我们希望你能自己探索其他选项的设置。

1）在 MoleGame 资源下添加一个新的空对象，将其重命名为 Mallet，并放置在 GameTable 附近。

2）向新游戏对象上添加一个 Rigidbody 组件。

3）向 Mallet 对象上添加一个圆柱体，将其重命名为 MalletHead，并将其 **Rotation** 和 **Scale** 设置如下：

- **Rotation** =（0，0，90）。
- **Scale** =（0.2，0.09，0.2）。

4）复制一个 MalletHead，修改名称为 MalletHandle，然后将其 **Scale** 设置为（0.05，0.21，0.05）。

5）按照期望形状调整 MalletHandle 的位置。

6）选择 Mallet 对象，从 **OVR/Scripts/Util** 目录添加 OVRGrabbable 脚本。

基本道具就位后，我们就可以重新激活游乐场环境了。选择 Environment、WackyMoles 和 TeleportSystem 对象，并在 **Hierarchy** 面板中激活它们。

1）调整 MoleGame 的 Transform 组件，使其适应 WackyMoles 摊位大小。我们在场景中使用以下值：

- **Position** =（0，1.05，−1.35）。
- **Rotation** =（−15，0，0）。
- **Scale** =（0.75，0.75，0.75）。

2）选择 **MoleGame | ScoreBoard**，将其 **Rotation** 设置为（15，0，0）。在之前，记分板是朝前旋转的，这样玩家能更好地进入游戏区域。本步骤将 Score Board 转回垂直位置。

3）重新定位 **MoleGame | Mallet** 对象，使其位于 WackyMoles 摊位计时器的上方。当游戏运行时，木槌将下落至计时器位置。

4）将 MoleGame 对象拖放至 WackyMoles 对象上，以保持有序。

8.2.2　地鼠动画

游戏过程中，地鼠会从洞中随机地冒出来，从而让玩家用木槌敲击它们。要实现这种效果，我们需要构建一个简单的动画，用来告诉地鼠怎样移动、何时移动。

1）在 **Project** 面板中新建一个文件夹 Animators。

2）从主菜单中选择 **Window | Animation**。我们将使用该容器为 Mole 对象位置设置关键帧。

Animation 窗口（见图 8-4）用来为单个游戏对象创建动画剪辑。以下步骤将创建地鼠弹出的动画，至于往下弹的动画将其反向播放即可。

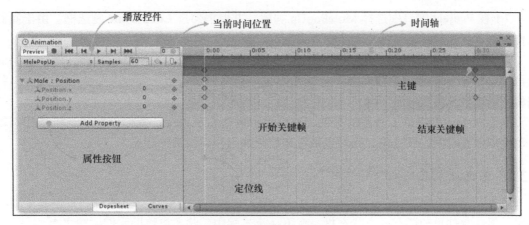

图 8-4　时间轴窗口组成

3）**Animation** 窗口打开后，选择 **MoleGame | MolePosition (1) | Mole** 对象。对象选中后，**Animation** 窗口中会出现一个 **Create** 按钮。

4）单击 **Create** 按钮，在 **Create New Animation** 对话框中将动画名称设置为 MolePop-Up.anim。将动画剪辑放入 Animators 文件夹。

5）单击 **Add Property** 按钮，显示出要生成动画的属性。

6）一直向下找到 **Transform | Position**，然后单击 **Position** 旁边的加号（＋）。这将添加 **Position** 属性并显示 Position.x、Position.y 和 Position.z 的取值。如图 8-4 所示，这些值现在都是 0。

Unity 引擎应用的一个动画技巧是关键帧动画。该方法用于产生随时间平滑过渡的场景对象。制作对象动画时，在时间轴上至少需要两个关键帧：开始关键帧和结束关键帧。这些关键帧用于设置对象的变换属性，告诉游戏引擎在某个时间点将对象置于（x^1, y^1, z^1）。然后在时间轴上的另一个点设置了另一关键帧，用于告诉引擎，此时将对象置于（x^2, y^2, z^2）。这样，我们就可以为游戏对象、碰撞器和网格渲染器设置位置、旋转和缩放的动画。该方法之所以叫作关键帧，因为我们只设置了关键帧，而由软件生成之间的所有帧，并创建平滑的过渡。

1）缩放 **Animation** 窗口，使开始和结束关键帧同时可见。默认关键帧添加在 0 和 1∶00 两个位置。

2）将位于时间轴上方暗灰色区域的主键从 1∶00 拖放至 0∶30。这将改变结束关键帧（Position.x、Position.y 和 Position.z）的位置，使动画时长由 1s 变为 0.5s。

3）单击时间轴 0∶00 处，重新放置定位线。修改关键帧之前需要把定位线置于修改位置处。

4）单击 Position.y 属性的 0 取值位置，将其修改为 −0.4。

5）在 **Animation** 窗口单击 **Play** 按钮，查看动画效果。

我们的简短动画可以正常播放了。如果地鼠没有完全退到 GameTable 表面以下，请适当调整关键帧的值。

6）再次单击 **Play** 按钮，停止动画。

7）在 **Project** 窗口中选择 MolePopUp 剪辑,并取消勾选 **Loop Time** 复选框。由于我们会使用脚本来控制地鼠,所以无须循环动画。

动画制作完毕,但是 Unity 并不知道如何处理它们。如果单击 **Play** 按钮,你会看到地鼠虽然会移动,但是只会弹出而不会退回原位。动画剪辑缩短了,并会从头开始重播。我们将用状态机来解决这个问题。

状态机为动画提供了额外的控制。在"僵尸射击"项目中,我们使用状态机来控制每个动画的触发时间。在这里,我们也用它来控制弹出和弹回两种状态。

8.2.3 构建动画状态机

我们只要看一下 **Project** 窗口中的 Animators 文件夹就会发现:虽然我们只创建了动画剪辑,但是文件里却还有一个状态机。在下一个步骤中,状态机将助我们一臂之力。

1）双击打开地鼠状态机。默认的状态机窗口如图 8-5 所示,其中 MolePopUp 动画已连接至 Entry 节点。

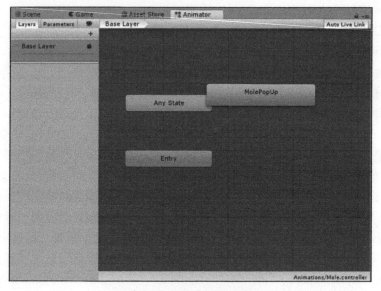

图 8-5　状态机窗口默认状态

2）在网格区域单击鼠标右键,选择 **Create State | Empty**。

3）在 **Inspector** 面板中将 New State 重命名为 Default。

4）再新建一个状态 MolePopDown。

5）鼠标右键单击 Default 状态,选择 **Set as Layer Default State**。起始节点将变为橙色,切换箭头将由 MolePopUp 切换至 Default。

6）再次用鼠标右键单击 Default 状态,选择 **Make transitions**。随即单击 MolePopUp 状态指定切换点。这时在 Default 和 MolePopUp 之间将出现一个新的箭头。

7）重复此过程,创建 MolePopUp 至 MolePopDown 和 MolePopDown 至 MolePopUp 的

切换。

8）单击窗口左上角的 **Parameters** 选项卡。

9）单击 **Parameters** 选项卡左上角的加号（＋）下拉按钮创建一个布尔变量，并将其命名为 isActive。

10）再创建一个布尔参数 wasActive。

选择 MolePopUp 状态。**Inspector** 窗口中 **Motion** 字段值应显示为 MolePopUp。这是之前在构建动画过程中创建的动画。以下步骤是可选步骤，并且只有当 **Motion** 字段值不是 MolePopUp 时才需要执行。

1）单击 **Motion** 字段的目标选择器。打开一个包含动画剪辑列表的窗口。

2）由于我们的项目只有一个动画剪辑，双击 MolePopUp 设置字段值。

3）选择 MolePopDown 状态，将 MolePopUp 的 **Motion** 字段值设置为 MolePopUp 动画剪辑。

4）将 **Speed** 属性由 1 修改为 -1。将 **Speed** 设置成 -1 将使动画以 100% 的速度反向播放。

状态机的最后步骤是告诉地鼠何时从弹出切换为弹回状态。我们将在 **Inspector** 面板中通过设置切换箭头来完成设置。

1）选择由 Default 指向 MolePopUp 的箭头。

2）在 **Inspector** 面板中找到 **Conditions** 部分。注意此时列表是空的。

3）单击加号（＋），添加切换条件。

在状态机中使用条件来决定切换是否发生。一个切换身上可以设置一个、零个或多个条件。所有条件必须同时满足，才能触发切换。

1）为选中的切换箭头添加以下条件：

● 取消勾选 **Has Exit Time** 复选框。

● **isActive** = true。

● **wasActive** = false。

2）选择由 MolePopDown 指向 MolePopUp 的切换箭头，并设置其条件如下：

● 取消勾选 **Has Exit Time** 复选框。

● **isActive** = true。

● **wasActive** = false。

3）选择由 MolePopUp 指向 MolePopDown 的切换箭头，并设置其条件如下：

● 取消勾选 **Has Exit Time** 复选框。

● **isActive** = false。

● **wasActive** = true。

图 8-6 所示为最终状态完整的状态机。检查每个状态的切换箭头条件，以及 **Motion** 和 **Speed** 字段的设置是否正确。

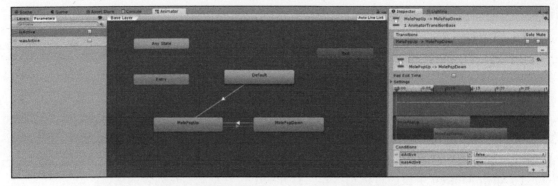

图 8-6　最终版状态机，显示了参数和切换条件

如果现在单击 **Play** 按钮，地鼠并不会弹出。这是意料之中的事，因为状态机正在等待 isActive 布尔变量获取到一个 true 的值。我们将在 MoleController 脚本中添加此功能。

4）保存场景。

8.2.4　编写地鼠资源脚本

本项目的下一阶段是为地鼠构建控制器脚本。我们将分块对脚本进行处理，并提供每种方法和函数的用途说明。

1）双击 MoleController 脚本。

2）修改脚本，添加一些必要的变量：

```
using System.Collections;
using System.Collections.Generic;
using UnityEngine;

public class MoleController : MonoBehaviour {
    [SerializeField] float popupSpeed;
    [SerializeField] float distanceToRaise;
    float maxMoleTime = 4f;

    Animator animator;
    AudioSource audioSource;

    bool canActivate = true;
    bool isActivated = false;
    bool wasActivated = false;

    IEnumerator runningCoroutine;

    int timesHasBeenWhacked = 0;
```

3）Start（）函数将 animator 和 audioSource 设置为其初始值：

```
void Start() {
    animator = GetComponentInChildren<Animator>();
    audioSource = GetComponent<AudioSource>();
}
```

4）Update（）函数用于在每一帧检查地鼠的当前条件。有了这个信息后，就可以判断何时播放音乐了：

```
void Update() {
    animator.SetBool("isActive", isActivated);
    animator.SetBool("wasActive", wasActivated);

    if ((wasActivated && !isActivated) || (!wasActivated &&
    isActivated)) {
        float assumedSampleRate = 44100f;
        float animationLength =
        animator.GetCurrentAnimatorStateInfo(0).length;

    }

    wasActivated = isActivated;
}
```

5）ResetGame、StartGame 和 StopGame 这 3 个函数会调用一个协程，而协程会触发第 4 个函数 RandomlyToggle。该函数为每个地鼠随机设置动画起始时间。实际上，这意味着每个地鼠弹出的时间都不一样，这样就提高了对玩家的挑战性。

```
public void ResetGame() {
    StopCoroutine(RandomlyToggle());
}

public void StartGame() {
    StartCoroutine(RandomlyToggle());
}

public void StopGame() {
    StopCoroutine(RandomlyToggle());
}

IEnumerator RandomlyToggle() {
    float randomTimeLength = Random.Range(0f, maxMoleTime);
    yield return new WaitForSeconds(randomTimeLength);
    if (canActivate) {
    isActivated = !isActivated;
    }
    StartCoroutine(RandomlyToggle());
}
```

6）DeactivateCooldown（）用于在地鼠动画周期中添加一个暂停功能。如果没有这个函数的话，地鼠在被击中后会立刻再弹出来。

```
IEnumerator DeactivateCooldown() {
    yield return new WaitForSeconds(1f);
    canActivate = true;
}
```

7）最后两个函数控制地鼠的碰撞状态。当地鼠碰到的对象带有 Player 标签时，我们就改变条件，使命中数加 1，并让动画暂停。

```
void OnCollisionEnter(Collision other) {
    if (isActivated && other.GameObject.tag == "Player") {
        isActivated = false;
        canActivate = false;
        timesHasBeenWhacked++;
        StartCoroutine(DeactivateCooldown());
    }
}

public int TimesBeenWhacked {
    get {
        return timesHasBeenWhacked;
    }
}
}
```

8）保存并关闭脚本。

9）返回 Unity，并保存场景和项目。

8.2.5 编写地鼠游戏控制器脚本

现在，我们将专注于构建地鼠游戏的控制器脚本。此脚本将用于管理记分板文本元素和地鼠弹出的起始时间。

1）首先在 MoleGame 游戏对象上新建一个脚本，并将其命名为 MoleGameController。

2）双击脚本，在编辑器中打开它。

3）按以下内容修改脚本：

```
using System.Collections;
using System.Collections.Generic;
using UnityEngine;
using UnityEngine.UI;

public class MoleGameController : MonoBehaviour {

    [SerializeField] Text timerUI, scoreUI;
    [SerializeField] float startingTimeInSeconds = 30f;

    List<MoleController> moles;
    int score = 0;

    float timer = 0f;
    bool isTiming;

    void Start() {
        moles = new List<MoleController>();
        StartGame();
    }

    void Update() {
        int scoreAccumulator = 0;
        foreach (MoleController mole in
```

```
        GetComponentsInChildren<MoleController>()) {
        }

        score = scoreAccumulator;
        scoreUI.text = score.ToString();

        int minutesLeft = (int) Mathf.Clamp((startingTimeInSeconds -
        timer) / 60, 0, 99);
        int secondsLeft = (int) Mathf.Clamp((startingTimeInSeconds -
        timer) % 60, 0, 99);
        timerUI.text = string.Format("{0:D2}:{1:D2}", minutesLeft,
        secondsLeft);
    }

    void FixedUpdate() {
        if (isTiming) {
            timer += Time.deltaTime;
        }
    }

    public void StartGame() {
        foreach (MoleController mole in

        GetComponentsInChildren<MoleController>()) {
            moles.Add(mole);
            mole.StartGame();
        }
        StartTimer();
    }

    public void StopGame() {
        StopTimer();
    }

    // Starts Timer
    public void StartTimer() {
        timer = 0f;
        isTiming = true;
    }

    public void StopTimer() {
        isTiming = false;
    }
}
```

选择 Mole 游戏对象，会显示出 3 个公共字段：Timer UI、Score UI 和 Starting Time。Starting Time 已经有一个默认值，而另外两个字段需要在游戏运行前进行设置。

4）单击 Timer UI 和 Score UI 的目标选择器，使用合适的 UI 文本对象作为字段值。

8.2.6　打地鼠游戏收尾

动画和脚本完成后，我们可以对打地鼠游戏进行最后的润色。

1）复制 MolePosition（1）资源，数量根据游戏区域大小而定。

在我们的示例中，我们一共创建了 9 个地鼠，表 8-1 为简单 3×3 网格布局的地鼠位置信息。显然，布局方式可以有无数多种，我们之所以采用这种布局是为了和图 8-1 对应起来。所有 MolePosition 资源的 Y 值都是 0，其余对象也可以使用此表进行定位。

表 8-1　地鼠位置布局

	Pos X = −0.3	Pos X = 0	Pos X = 0.3
Pos Z = 0.3	MolePosition（1）	MolePosition（2）	MolePosition（3）
Pos Z = 0	MolePosition（4）	MolePosition（5）	MolePosition（6）
Pos Z = -0.3	MolePosition（7）	MolePosition（8）	MolePosition（9）

2）保存场景。

3）运行游戏测试结果。

4）隐藏 WackyMoles 游戏对象，并把 BottleSmash 显示出来。

8.2.7　扔奶瓶道具

典型的扔奶瓶游戏中，玩家有两次或三次机会去击倒一个堆好的奶瓶小金字塔。想在这些比赛中取胜，需要极高的准确性和极大的力量。因为和大多数活动一样，游乐场游戏旨在大大减少你获胜的机会。在这个游戏里，底部的瓶子通常有铅塞或部分充满沙子，使它们重到不容易被重量不足（有时球内会塞满软木）的垒球击倒。当然，我们的游戏是公平的。玩家将有五次机会击倒两个奶瓶金字塔。

对于这个游戏，我们不会学习任何新东西。相反，我们将使用打地鼠游戏的 OVRGrabbable 脚本，以便将垒球扔出。这种互动非常简单，但是玩家很喜欢。在设计你自己的 VR 体验时，也可以考虑这么做。

8.2.7.1　游戏道具

我们这个版本的传统游戏更加简单，但它仍然需要很好的灵活性来赢得比赛。五个奶瓶组成的金字塔将在游戏启动时放置到位，并在需要时重新放置。我们将为玩家提供五个球，这些球可以使用触摸控制器拿起并扔出去。最后，我们将添加一个重置按钮来删掉扔出去的球，并布置一套新球供玩家投掷：

1）在（0，0，0）位置新建一个空游戏对象 BottleGame。

2）正如我们在 MoleGame 中所做的一样，我们需要在 BottleGame 身上挂载一个 BottleGameController 脚本。该脚本将对球和奶瓶进行实例化，并提供了一个复位函数。

我们的扔奶瓶游戏（BottleSmash 对象）的摊位不再位于原点。但是我们还是先在原点处构建出所需道具，再把 BottleGameObject 移到合适的位置。首先我们需要制作出游戏道具的支撑物。Runner 项提供了一个轨道系统，可防止球滚动从而远离玩家，而 BottlePlatform 是一个薄立方体，用于放置奶瓶金字塔。

3）添加 3 个立方体 RunnerFront、RunnerBack 和 BottlePlatform 作为 BottleGame 的子对象。Runner 项用于让球保持在平台上，而 BottlePlatform 则用于放置奶瓶金字塔预制件。按照以下内容设置 Transform 组件参数：

	Position	Rotation	Scale
RunnerFront	0, 0.9, −1.9	0, 0, 0	3.4, 0.06, 0.02
RunnerBack	0, 0.9, −1.8	0, 0, 0	3.4, 0.06, 0.02
BottlePlatform	0, 0.9, 0.23	0, 0, 0	4, 0.03, 0.4

4）重新放置 BottleGame 游戏对象，使其位于 BottleSmash 内，可使用图 8-7 作为指导。具体位置取决于第 7 章中设计的摊位布局。

5）下面的道具是垒球和奶瓶。使用以下简单形状制作占位符，并将其设置为 BottleGame 的子对象。垒球应该放在两个 Runner 对象之间，奶瓶放在平台中央附近。

	Shape	Scale
Ball	Sphere	0.07，0.07，0.07
Bottle	Cylinder	0.1，0.13，0.1

6）向 Ball 和 Bottle 游戏对象添加一个 RigidBody 组件。确认勾选 **Use Gravity**，且两个对象的 **Collision Detection** 都被设置为 **Continuous Dynamic**。

默认情况下，圆柱体自带一个胶囊碰撞器。此碰撞器可以有多种用途，但它的底部和头部一直保持是圆的。这一属性使其他对象无法站到其端点上，这样就无法搭建金字塔了。为此，我们用网格碰撞器把原有碰撞器替换掉。网格碰撞器经常被用于复杂形状，但在本例中，我们将依靠渲染出的网格来创建碰撞器：

1）删除 Bottle 身上的胶囊碰撞器，然后替换为一个网格碰撞器。勾选复选框以启用 **Convex** 属性。

2）向 Ball 游戏对象添加 OVRGrabbable 脚本。如我们在创建木槌时看到的那样，该脚本用于游戏对象的抓取和投掷。

3）单击 **Play** 测试场景。

 使用触控控制器的安全带是非常重要的。扔物体时需要灵活的操作。握持按钮允许我们握住对象，但是何时松开按钮向前投掷则需要一定量的练习。

至此，我们可以把球拿起并扔出去。通过一些练习，你可以提高你的准头和时机。在游戏中，我们需要击中一个奶瓶金字塔，并把它们从平台上清除掉。以下道具是由我们之前创建的球和奶瓶复制而成。

4）新建两个空游戏对象 FiveBalls 和 BottlePyramid，用于容纳我们的道具。

这个游戏的第二个目标是创建一个在运行期间可复位的环境。有多个方法可以实现此目的，但我们定义的解决方案非常简单，对于各层次开发者来说也最易实现。

FiveBalls 和 BottlePyramids 游戏对象将包含一些布置在场景中的基本形状。一旦这些对象制作完成，就把它们做成预制件。利用预制件，我们可以记录它们的初始位置，在游戏中与它们互动，以及复位场景，这样就可以给玩家多次机会去提高他们的技能，从而赢得游戏。

1）将 Ball 游戏对象移入 FiveBalls 中，然后复制 4 次，并把它们放置在两个滑轨中间，如图 8-7 所示。

2）将 Bottle 游戏对象移入 BottlePyramids 中，复制后堆放成金字塔形。图 8-7 所示为我们创建的 3 个金字塔，每个金字塔由 6 个奶瓶组成，也可以根据个人需要进行调整。

图 8-7　扔奶瓶道具最终布局

3）新建两个标签：balls 和 bottles。将 balls 标签赋给 FiveBalls，并把 bottles 标签赋给 BottlePyramids。

4）将 FiveBalls 拖放至 Project/Prefabs 文件夹，以创建预制件。

5）对 BottlePyramids 对象重复此过程。

6）保存场景。

8.2.7.2　编写扔奶瓶游戏脚本

这个游戏的脚本本质上很简单，也很基础。不需要什么得分机制或者是状态机，整个脚本只是一个外壳，用来容纳复位函数。

当游戏运行时，脚本监听触摸控制器的 B 或 Y 按钮是否按下。如果其中一个按钮被按下，则脚本会销毁场景中的球和奶瓶，并布置上一套新的预制件。这是一个快速解决方案，同时也很容易掌握。

打开 BottleGameController 脚本，按以下内容进行修改。该脚本首先为预制件和变换设置一些变量：

```
using System.Collections;
using System.Collections.Generic;
using UnityEngine;

public class BottleGameController : MonoBehaviour {
    [SerializeField] GameObject BottlePyramidPrefab;
    [SerializeField] GameObject FiveBallsPrefab;

    private Vector3 PryamidPosition;
    private Quaternion PryamidRotation;
    private Vector3 BallsPosition;
    private Quaternion BallsRotation;
```

在 Start（）函数中，我们将奶瓶和垒球预制件的初始变换信息存储下来。存储这些值可以让游戏程序复位后更容易找到放置游戏对象的位置。

```
// 使用此函数进行初始化
 void Start () {
     PryamidPosition =
     GameObject.FindWithTag("bottles").transform.position;
     PryamidRotation =
     GameObject.FindWithTag("bottles").transform.rotation;
     BallsPosition =
     GameObject.FindWithTag("balls").transform.position;
     BallsRotation =
     GameObject.FindWithTag("balls").transform.rotation;
 }
```

Update（）函数在运行期间每帧会调用一次，用于监听 B 和 Y 按钮是否被按下。当有按钮按下时，将销毁当前游戏对象并实例化新的游戏对象，新对象使用了原始预制件的初始变换信息。一旦创建出新对象，我们就立刻设置好它们的标签，以便在下次复位时能够把它们删掉。

```
    // 每帧调用一次 Update 函数
    void Update() {
        if (Input.GetButtonDown("Button.Two") ||
            Input.GetButtonDown("Button.Four")) {
            Destroy (GameObject.FindWithTag("bottles"));
            Destroy (GameObject.FindWithTag("balls"));

            GameObject BottlePryamids = Instantiate
            (BottlePyramidPrefab, PryamidPosition, PryamidRotation);
            GameObject FiveBalls = Instantiate (FiveBallsPrefab,
            BallsPosition, BallsRotation);

            BottlePryamids.tag = "bottles";
            FiveBalls.tag = "balls";
        }
    }
}
```

1）保存脚本并返回 Unity。

2）选择用于容纳游戏道具的 BottleGame 游戏对象。同时要注意位于 **Inspector** 面板的预制件字段。

3）把 **Prefabs** 文件夹中的 BottlePyramids 和 FiveBalls 预制件拖放至 BottleGameController 组件的合适字段中，如图 8-8 所示。

 重要提示：注意是从文件夹中拖放预制件，而不是从 **Hierarchy** 窗口中拖放游戏对象。直接使用场景中的游戏对象在运行时会报错。

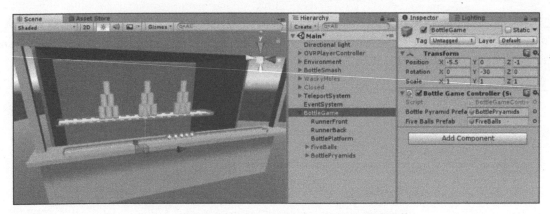

图 8-8　使用预制件为 BottleGameController 脚本赋值

4）保存场景和项目。

5）单击 **Play** 测试场景。

6）如果一切正常，则把所有隐藏对象都激活。

8.3　构建应用

在 Unity 中构建可执行的应用程序如此容易，对此我感到惊讶不已。这证明了开发人员在不断地优化产品。这些优化有利于开发过程的方方面面，其中就包括应用程序的构建。

1）从 **File** 菜单中选择 **Build Settings**。

2）确认目标平台设置为 Windows，而且当前场景出现在 **Scenes In Build** 面板列表中。

3）单击 **Build** 按钮，将 .exe 文件保存到新位置。一般惯例是保存到项目根目录下，和 **Asset** 目录同一层级。

4）启动应用，尽情欣赏自己的作品（见图 8-9）吧！

图 8-9　嘉年华摊位

8.4　扩展游戏

此处提供的步骤用于构建游乐场虚拟现实体验原型。但你不应止步于此，请考虑从以下方面进行改进：

● **添加声音**：嵌入嘈杂的环境噪声、摊位上的嘉年华音乐、木槌击中地鼠的声音，还有垒球击中奶瓶的声音。

● **添加得分 UI**：移除地鼠游戏中的 UI 画布，然后给 VR 摄像机添加得分机制。

● **为未开放的摊位设计一种新游戏**：你觉得飞镖 / 射箭活动、投篮、溜冰球、套圈，或者是水枪游戏怎么样？又或者是一种只可能在 VR 中实现的全新游戏。

● **进入下一阶段**：将基本游戏对象替换成带纹理的 3D 模型。在 3D 应用程序中构建新的对象或在 **Asset Store** 中搜索合适的游戏对象。

8.5　小结

本项目的目标是将许多常用 VR 技巧和最佳实践介绍给新手读者。我们的探索开始于制作前的规划和设计。在此阶段，我们要考虑针对体验的规划和用于 VR 开发的 Unity 环境设置，其中包括查看 Oculus Virtual Reality（OVR）插件。此插件包含了一系列脚本和预制件，包括 VR 交互、摄像机管理、使用触摸控制器进行抓握、触觉响应、调试工具，以及化身系统。

OVR 插件弄好后，我们研究了灰盒关卡设计技巧。这是一种早期的设计技巧，用于设计我们的场景原型，设计时仅专注于力学、运动和交互这几个方面即可。我们不使用已设计完好的模型、纹理和视觉效果，而是使用基本形状、灰度颜色和简单材质。不在环境美

133

学方面分心，这个过程让我们只专注于环境的娱乐价值，而非环境的外观和感受。

然后我们开始建立游戏区、道具、动画和脚本，以便与用户互动。我们时常会戴上 Rift 头显进行功能测试，并根据需要对场景进行调整和优化。许多选择都留给了读者，好让你们添加自己的项目创意。

在构建玩家运动系统之前，我们讨论了对抗 VR 疾病 / 不适的具体程序。基于研究人员和行业开发人员 30 多年的工作经验，我们提出了创造舒适体验的六种技术。这些简单的原则为读者的未来 VR 项目提供了宝贵指南，还提供了在游乐场项目中构建传送系统所需的工具。

之后，我们继续构建游戏所需的道具和脚本。本项目所阐述的技能和技术，除了在项目中所展示的用途外，还有很多其他用途。VR 正在用于培训员工，以新的方式探索数据，以及帮助企业改善其技术支持与服务。通过实践和创新，我们期待你走出去，发现 VR 在你的专业和社交生活中的更多用途。

除了打地鼠游戏，还可以考虑创建一个物理治疗游戏，用于评估玩家术后恢复情况。或者，通过一些调整，相同的脚本可用于培训工人操作新设备和执行程序。又或者，你可能想要为物理系统构建一个虚拟界面。我们鼓励你不要局限于技术层面，而是要在虚拟现实带来的这种更广泛的可能性中考虑问题。

附　录

附录 A　VR 设备概览

从诞生一开始，虚拟现实就提供了一种"逃离现实"的体验。戴上头显你就进入了一个全新的世界，这个世界充满了惊奇，令人兴奋不已。或者，它可以让你探索一个对人类生存来说过于危险的地方。又或者，它甚至可以把真实的世界以一种全新的方式呈现给你。如今，我们已经走过了笨重护目镜和笨拙头盔的时代，VR 设备正使不受约束的"逃离现实"的目标成为现实。

A.1　VR 设备概述

在这个附录中，我们想概述一下现代 VR 设备。每个产品都提供了设备概述、图片，及参考价格。你可以比较这些信息，从而找到最适合你个人需要的设备。

在过去几年里，VR 设备呈现出爆炸式的增长。从包裹一对镜头的廉价外壳，到具有能创造 110° 视野嵌入式屏幕的完整头戴式设备，不一而足。每种设备都提供了独特的优势和用例。在过去的 12 个月里，许多设备的价格大幅下降，让更多用户更容易购买它们。以下是每个设备的简要概述，按价格和复杂性排序。

1. Google Cardboard

Cardboard VR 兼容多种智能手机。

Google Cardboard 最大的优势是它的低成本、广泛的硬件支持和可移植性。当然还有一个额外的优势——它是无线的。

使用手机的陀螺仪，VR 应用程序可以 360° 旋转跟踪用户。虽然现代手机功能非常强大，但它们还是比不上台式计算机。而手机优点在于用户不被线缆束缚，而且重量很轻（见图 A-1）。

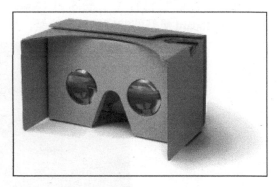

图　A-1

http://www.vr.google.com/cardboard/
价格：5～20 美元（需要搭配 iOS 或 Android 智能手机使用）

2. Google Daydream

Daydream 的制作材料不是塑料，而是一种类似于织物的材料，它绑定了一个类似于 Wii 的带触控板和按钮的运动控制器（见图 A-2）。

Daydream 确实比 Google Cardboard 具有更好的光学特性，但是也不如高端 VR 设备。和 Gear VR 一样，它支持的手机种类也非常有限。

图　A-2

http://www.vr.google.com/daydream/
价格：79 美元（需要搭配 Google 或 Android 智能手机使用）

3. Gear VR

Gear VR 是 Oculus 生态的一部分（见图 A-3）。虽然 Gear VR HMD 仍使用智能手机（仅限三星），但它包含了一些来自 Oculus Rift PC 解决方案的相同电路。这带来了比 Google Cardboard 更好的响应和跟踪性能，虽然它仍然只限于旋转跟踪。

图　A-3

http://www3.oculus.com/en-us/gear-vr/
价格：99 美元（需要搭配三星 Android 智能手机使用）

4. Oculus Rift

Oculus Rift 这一平台通过成功的众筹活动重新点燃了 VR 复兴之火。Rift 使用一台个人计算机和外部摄像机，不仅允许旋转跟踪，还允许位置跟踪，从而为用户提供了完整的 VR 体验。与三星公司的关系使 Oculus 可以在其头显中使用三星品牌屏幕。

尽管 Oculus 不再要求用户保持坐姿使用，但是它还是希望用户在小于 3m × 3m 的区域内活动。Rift 头显需要通过线缆连接到个人计算机上。

用户可以使用多种方式和 VR 世界交互，如 Xbox 游戏手柄、鼠标和键盘、一键点击器、专有无线控制器等（见图 A-4）。

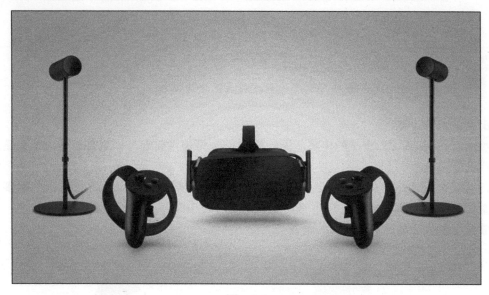

图　A-4

http://www3.oculus.com/en-us/rift/
价格：399 美元，还另外需要一台支持 VR 的计算机

5. VIVE

Valve 和 HTC 推出的 VIVE 使用的是 HTC 的智能手机面板。

VIVE 拥有自己的专有无线控制器，其设计与 Oculus 不同（但它也可以与游戏手柄、操纵杆、鼠标 / 键盘一起使用），见图 A-5。

VIVE 最显著的特点是它支持用户在 4m × 4m 或更大的正方形区域内探索和行走。

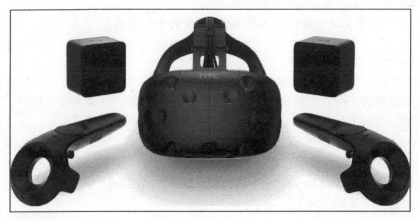

图　A-5

http://store.steampowered.com/vive/
价格：599 美元，还另外需要一台支持 VR 的计算机

6. Sony PS VR

虽然有关 Xbox VR 头显的传言不断，但索尼公司是目前唯一一家拥有带 VR 头显的电子游戏机公司。

与基于个人计算机的 VR 设备相比，其安装和配置都更为简单，游戏包也小得多，游戏的整体平均水平都要更高。这也是位置跟踪型 VR 中最实惠的。但是，它也是唯一一个不能被普通业余开发者拿来开发的设备，见图 A-6。

图　A-6

7. HoloLens

微软的 HoloLens（见图 A-7）能以多种方式提供独特的 AR 体验。

用户不会与真实世界隔绝开来，他们仍然能够透过头显上的半透明光罩看到周边的世界（其他人、桌子、椅子等）。

HoloLens 会扫描用户环境并创建出相应的 3D 显示。这样就可以利用 HoloLens 的全息影像和房间中的物体进行交互。全息人物可以坐在屋里的沙发上，鱼儿游动时能够避开桌腿，屏幕可以放置在屋里的墙面上，等等。

该设备是完全无线的。它是唯一一款商用的无线位置跟踪设备。在 HMD 中内置了计算机，其处理能力介于智能手机和支持 VR 的个人计算机之间。

用户可以在 30m×30m 范围内自由行走，而且不受线缆束缚。

虽然可以用 Xbox 控制器和专有单键控制器，但 HoloLens 的主要交互方式是语音指令及选择和返回等手势。

最终的区别是全息影像只出现在很窄的视场角内。

由于用户还可以看到其他人，所以不管是否共享相同的全息投影，用户都可以更加自然地互相交流。

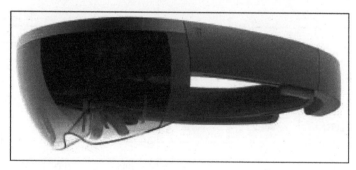

图 A-7

A.2 头显参数

表 A-1 为几种主要 VR 头显的相关参数（表中"—"表示不支持此功能，"√"表示支持此功能）。VR/AR 硬件进步飞快，其价格和规范年年变化，甚至每个季度都在变化。

表 A-1　主要 VR 头显的相关参数

	Google Cardboard	Gear VR	Google Daydream	Oculus Rift	HTC VIVE	Sony PS VR	HoloLens
包含 HMD、跟踪器、默认控制器时的全部成本 / 美元	5	99	79	399	599	299	3000
含 CPU 时的总成本（手机、PC、PS4）/ 美元	200	650	650	1400	1500	600	3000
内置耳机	—	—	—	√	—	—	√
平台	iOS/ Android	Samsung Galaxy 系列手机	Google Pixel 手机	PC	PC	Sony PS4	专用 PC
增强旋转跟踪器	—	√	—	√	√	√	√
位置跟踪	—	—	—	√	√	√	√
内置触摸面板	—	√	—	—	—	—	—
运动控制装置	—	—	—	√	√	√	—
跟踪系统				光学系统	灯塔系统（Lighthouse）	光学系统	激光系统
全 360° 跟踪	—	—	—	√	√	—	√
移动范围	—	—	—	√ 2m × 2m	√ 4m × 4m	√ 3m × 3m	√ 10m × 10m
遥控器	—	—	√	—	—	—	—
游戏手柄	—	√	—	√	—	√	—
单眼分辨率	各不相同	1440 × 1280	1440 × 1280	1200 × 1080	1200 × 1080	1080 × 960	1268 × 720
视场角	各不相同	100°	90°	110°	110°	100°	30°
刷新频率	60Hz	60Hz	60Hz	90Hz	90Hz	90 ~ 120 Hz	60Hz
无线	√	√	√	—	—	—	√
光学校正	—	Focus	—	IPD	IPD	IPD	IPD
操作系统	iOS/ Android	Android / Oculus	Android/ Daydream	Win 10 / Oculus	Win 10 / Steam	Sony PS4	Win 10
内置相机	√	√	—	√	—	—	√
AR/VR	VR	VR	VR	VR	VR	VR	AR
自然用户接口	—	—	—	—	—	—	√

　　头显的选择涉及诸多问题：价格、硬件的可访问性、用例、图像的保真度 / 处理能力，以及其他一些因素。表 A-1 中所提供的信息是为了帮助用户了解各种平台的优缺点。

　　还有很多头显没有包含在本附录中。其中一些在撰写本书时尚未发布商用版本（Magic Leap、由微软许可的 Win 10 头显、Starbreeze/IMAX 头显及其他头显），还有一些受众不多，如 Razer 的 Open Source 头显。

附录 B　VR 相关概念

在过去五年里，虚拟现实和增强现实技术已经从一些科技巨头公司（例如谷歌、Facebook、微软、索尼和三星等公司）获得了数十亿美元的投资，让这项"科幻技术"得以重生。

B.1　VR 术语和定义

为了与本书内容相一致，我们将把**增强现实 (Augmented Reality，AR)** 定义为真实世界环境和**计算机生成图像 (Computer Generated Imagery，CGI)** 的融合。AR 不仅仅是一个简单的**抬头显示器 (Heads Up Display，HUD)**，因为 AR 会对部分或所有真实环境进行三维的实时跟踪，让人以为计算机生成图像其实是真实世界的一部分。现在智能手机的应用商店里都充斥着简单的 AR 演示 APP，不过只有通过**头戴式显示器 (Head Mounted Display，HMD)** 才能获得最佳体验。

通过 AR 技术，可以在你的客厅里画一个 CGI 卡通人物。使用特定的 AR 硬件，你客厅里的所有细节都将被扫描并转换成三维空间数据，以使 CGI 卡通人物与你的家具互动，从地板跳到沙发，再跳到咖啡桌上。你会看到你的客厅和卡通人物在三维空间里互动，而且动作非常准确。

AR 技术的优势之一是，它所需要的处理能力要弱得多，这在很大程度上是因为很多观众体验都不需要通过计算机来绘制。AR 是为了增强你的现实，而不是取代它。所以 AR 游戏不需要计算并绘制整个世界，而只需要绘制与之交互的角色。如果 AR 角色要跳到现实中的沙发上，那么画沙发就没有必要了。

虚拟现实 (Virtual Reality，VR) 用 CGI 取代你的整个视野。虽然身处客厅，但是在 VR 中，你将看不到你的沙发和咖啡桌。无论你往哪儿看，你看到的都是一个新世界。你可以看到中世纪城堡的内部结构，或是巨石阵，又或是火星上的大平原。

在 20 世纪 90 年代，一些现在早已被人遗忘的公司，如 Virtual iO、CyberMaxx 和 VPL 等公司，试图将 VR 从科幻小说中搬到现实中来。但是他们那个时代的技术有限，分辨率低（320×200）、不到30fps的平面阴影图像和高达800美元的成本（不考虑通货膨胀因素），这些都不足以令消费者满意并接受。因此除了在研究机构和高端市场中，VR 产品（见图 B-1）很快就消失了。

图　B-1

　　但在 2012 年，由于高分辨率智能手机屏幕的出现、家用计算机能力的提升，以及与众筹活动的结合，VR 获得了新生。众筹意味着 VR 不需要大公司的批准，也不需要他们将产品推向市场所要求的庞大销量。这些资金可以直接从消费者那里筹集，从而为小型产品提供资金。这对于 VR 来说是完美的，因为在很长一段时间里，VR 的粉丝数量虽少，但他们热情高涨，愿意为他们的 VR 梦想提供资金。

　　Oculus 的成功很快被 Valve 的 VIVE、微软的 HoloLens 等所效仿。许多人认为这将是下一个大事件，也可能是有史以来最大的事件：

　　● **引擎支持**：Unity 对前面列出的所有 HMD 都提供了内置支持。而 Unreal 则内置支持除 HoloLens 之外的所有 HMD。

　　● **全部成本（包括 HMD、跟踪器和默认控制器）**：这是基本系统完成所有承诺功能所需的全部成本。例如，购买 PlayStation VR（PS VR）时可以不购买作为必需品的摄像头和控制器，但可能会使用不便。所以真正的成本是 HMD、相机和控制器的成本之和。第一个公开发售的 Oculus 系统是 DK2，它是一种单传感器的坐姿系统，使用有线 Xbox 游戏控制器（单独出售）供用户输入。而之后的 Rift CV1 是一个双传感器系统，带两个无线控制器，价格为 399 美元。

　　● **带处理器（手机、PC、PS4）时的总成本**：这代表了 HMD 和满足最低运行需求的处理系统的最低总成本。例如，你可以花 800 多美元买一台最低规格的 VR PC，或者花 300 多美元买一台索尼 PS4。

　　● **内置耳机**：所有 HMD 都支持音频，但只有其中两款具有内置耳机：Rift 和 HoloLens。HoloLens 的音频设计并非基于传统耳机，它们更像是小型音频"投影仪"，耳朵不用被罩住，可以使用户更好地与现实世界互动，同时又能听到计算机生成的声音。所有基于智能机的设备都支持耳机 / 耳塞，它们自身可以发声。VIVE 还有一个额外的音频头戴，参考价格为 99 美元。

● **平台**：运行系统所需的主要硬件平台。

● **增强位置跟踪**：Google Cardboard 和 Daydream 使用手机陀螺仪来跟踪头部的倾斜和转动。Gear 并不是塑料版本的 Google Cardboard，在 HMD 中还有额外的硬件，使其具有比 Google Cardboard 更佳的跟踪响应性和准确性。Rift、VIVE 和 HoloLens 的跟踪系统，在延迟的处理和准确性上又更进了一步。

● **位置跟踪**：所有设备都支持旋转跟踪（上下观看及四周环视）。所有基于手机的设备（Cardboard、Daydream 和 Gear）均不支持位置跟踪（如在房间内移动），至少目前是这样。预计在未来几年内，这种情况将迅速改变；随着智能手机变得越来越强大，这一转变将从外置式内侦型跟踪（通过 HMD 外部的摄像机跟踪它的位置）到内置式外侦型跟踪（HMD 本身跟踪它自己的位置）。目前只有 HoloLens 属于内置式外侦型跟踪。

● **内置触摸面板**：Gear 头显的右侧内嵌了一块触控板，供用户进行简单手势输入、简单手柄输入及单击或双击输入。官方的 Google Cardboard 只有一个按钮，但它的低成本使其并不可靠。

● **运动控制器**：系统在其全部成本价格点上是否支持 6 自由度运动控制？ VIVE、Rift 和 PS VR 都支持运动控制。

● **跟踪系统**：HMD 及控制器是如何进行跟踪的？ HoloLens 使用一种与 Kinect 类似的系统来扫描世界，并使用其全息处理单元（Holographic Processing Unit，HPU）构建空间地图。Rift 和 PS VR 使用摄像头来跟踪 HMD 和控制器。VIVE 使用灯塔系统的激光来扫描环境。

● **全 360° 跟踪**：用户完全转身后还能被准确跟踪吗？ VIVE、Rift 和 HoloLens 确实支持全 360° 跟踪。PS VR 与之很接近，但由于它只有一个摄像头，因此无法实现全 360° 跟踪。

● **房间规模和大小**：如果系统可以支持房间规模的位置移动，那么它们可以支持的范围是多少？ HoloLens 是目前唯一可用的无线系统，可以支持非常大的空间。我曾在篮球场大小的空间里正常使用过 HoloLens。VIVE、Rift 和 PS VR 受到线缆长度以及跟踪 HMD 所需的光学系统位置的限制，活动空间有限。

● **遥控器**：HoloLens、Rift 和 Daydream 都自带一个按钮单击式遥控器，它可以用作输入设备。Gear VR 也宣布发布一款类似的遥控器。

● **手柄支持**：设备是否支持传统的游戏机、双杆手柄（类似于 Xbox 或 PS3 控制器）？由于 VIVE 和 Rift 都是基于 PC 的，它们支持手柄（以及鼠标和键盘）输入。Rift 在上市的第一年就配备了 Xbox One 控制器。Gear VR 有一个官方的手柄，但仍然可以使用蓝牙控制器。HoloLens 是微软公司的产品，也支持 Xbox One 控制器。PS VR 有一些游戏也支持使用 PS4 的手柄运行。

● **单眼分辨率**：一只眼睛能显示多少像素？像素越多，图像就越好，但需要的处理能力也越大。

● **视场角（FOV）**：HMD 能够填充多少角度的视野？人类双眼的视野最大超过 180°，虽然我们两侧视觉的保真度没有中心那么高；因此，虽然 HMD 设计人员可以将 FOV 扩展到超过 100°，他们通过在更大区域中放置更多像素来增加 FOV，但是这样做会降低图像的分辨率，像素化程度会更高。但许多人都一致认为，更宽的 FOV 是获得更身临其境体验的关键。

● **刷新频率**：在显示面板上绘制图像的速度有多快？尽管我们的视力外围可以感知更高的闪烁频率，但是一般认为 30fps 是不闪烁的最低要求。120fps 是当前的黄金标准。

● **无线**：HMD 是否是无线的？目前，Rift、VIVE 和 PS VR 需要用一条线缆将 HMD 连接到工作站上。现在已经有一些小众市场产品可以使用无线 HMD，但它们也还没有准备好成为主流产品。在未来几年，这很可能成为区分各个制造商是低端还是高端 HMD 的一个选项。目前，只有 HoloLens 具有无线定位跟踪功能。

● **光学校正**：用户可以在 HMD 中进行光学校正，以满足他们的需要吗？ Gear 设备允许用户调整 HMD 焦点。Rift、VIVE 和 HoloLens 允许瞳孔间距（IPD）调节（即两眼之间的距离）。随着 HMD 变得越来越主流，这些特性可能成为同一制造商销售的高端和低端设备之间的区别所在。

● **操作系统**：需要什么操作系统才能运行？有一种正在构建的开放标准系统，它将允许 HMD 跨系统工作，以降低或移除当前存在的壁垒。

● **内置摄像头**：HMD 是否有可访问的内置摄像头？虽然所有的智能手机都有摄像头，但只有 Gear 设备上有利用这一功能的应用程序。Daydream 将其摄像头掩盖住了。目前，只有 HoloLens 经常使用其内置摄像头。但 VIVE 和 Gear 也可以利用摄像头实现一些新颖的用户体验。

AR/VR：许多人预测 AR 将比 VR 拥有更大的市场，不过目前，HoloLens 是唯一一款大众市场的 AR 头显。

理论上，VIVE 和 Gear 中的摄像头终将有一天会被用于更多的 AR 应用。

● **自然用户接口**：虽然所有的设备都可以通过诸如 Leap Motion 这样的附件来进行修改，使其同时包含语音识别和手势识别功能，但只有 HoloLens 是将手势和语音输入作为默认输入的。语音识别是 Windows 10 Cortana 的一部分，其执行方式与此类似。手势识别有两种实用手势：单击（以及单击并拖动）和后退。

B.2　最佳实践入门

除了创造良好的体验，VR 的首要目标应该是保证用户舒适性。具体来说，是不要让用户因为运动病而感到不舒服。

1. 输入

在我们的工作中，发现 VIVE、Oculus 和 PS VR 的用户界面是最可靠、最容易训练、也最适合手势和操作微调的。

HoloLens 的自然输入手势可能需要几分钟的时间来学习，还有语音识别，即使在嘈杂的条件下也非常可靠，但由于语言的细微差别和广泛存在的同义词，结果可能并不如意。

对于不同的用户来说，Grab/Pinch/Hold/Grasp/Clutch/Seize/Take 的意思并无不同，Drop/Place/Release/Let Go/Place here 也是一样。设计时最好是将词汇表保持在最低限度，同时尽可能多地构建冗余。

对于 Cardboard VR 来说（尽管它可以在所有其他系统中使用），凝视选择是最常见的用户交互方式。用户选择时，需要将十字线图标在某一对象上停留几秒钟。通常，会使用圆填充动画来表示正在进行选择操作。这主要是因为用户需要用双手将 Cardboard 设备贴在脸上。也可以使用一键式卡扣或手指来固定，但考虑到橡胶带、磁性或 Cardboard 结构等因素，这样做可能并不可靠。

无论何种情况，用户疲劳、眼疲劳和运动病都应该被纳入设计考虑。

协作：虽然所有的设备都允许多个用户与同一计算机生成图像进行交互，无论是在同一个物理房间，还是通过远程方式，但是 AR，特别是 HoloLens，允许用户同时看到 CGI 和用户的脸。这种方式可以提供重要的非语言方面的暗示。

2. 移动

用户最好能够以 1:1 的比例控制移动，但是由于距离或使用 HMD 类型不同，往往并不能实现。1:1 的意思是，如果用户走了 1m，那么虚拟世界会随他们一起移动 1m。有些情况下，这不太可能，比如一个非常宏大规模的游戏，如果用 1:1 的比例去控制行星和恒星，效果很不好，也不切实际。微观层面的游戏也是如此。相对于虚拟世界中玩家的大小，移动至少应该要保持一致性。

快速移动会迅速造成你的眼睛所见（视觉）和身体所感（前庭和自感知）之间的不匹配。这种不匹配将很快导致运动病。运动病是设计时要考虑的一个重要因素，因为它不仅仅是在短时间内让用户产生不适，而可能会持续数小时，导致用户可能会因此厌恶你的产品内容（或者任何 VR/AR 体验）。

运动时最好保持缓慢、稳定而且可预测的运动。如果需要快速穿过一块大面积区域，可以将用户瞬间移动到新位置，并在原位置和新位置之间使用黑色淡入。这种传送方式是目前使用远距离移动的最常见形式。不过通常会限制用户可移动的距离，不是出于技术原因，而是为了给用户更多的控制感和更高的准确性，以保证他们能去到想去的地方。通常，用弧线表示距离远近，就像用户抛出一个他们想要移动到哪里的标记一样。以航天器中的驾驶舱为例，如果在设计中允许玩家控制行走，也可以不使用快速移动。

确保用户保持对摄像机移动的控制。不要像在传统的非 VR 游戏中那样使用摇动摄像机的方式，来增加运动的错觉，或是作为受到伤害时的反馈，或表示角色正从梦中醒来。如果你让用户失去对摄像机的控制，他们患上运动病的可能性会显著增加。一旦用户开始 VR 体验，要始终保持头部跟踪功能。不要关闭头部跟踪，而采用更传统的手柄或鼠标 / 键盘移动方案。因为这样做会让用户晕头转向。

没有什么能够阻止玩家在几何体内移动。常规的游戏碰撞器也不行，因为用户可以在任何对象（墙壁、汽车、沙发、桌子）内不断移动，只要他们够得着。然而，用户非常不愿意在一个看似真实或实心的物体内部移动，新用户更是如此，即使它们存在于 VR 之中。

必须优化延迟。即使渲染中稍有停顿也会导致运动病。位置跟踪（VIVE、Rift、PS VR）的帧速率至少应该为 90fps，旋转跟踪的帧速率至少应该为 60fps（基于手机的设备）。

如果用户使用的是不带位置跟踪功能的设备（Cardboard、Gear、Daydream），那么最好在体验开始前先坐下来，这将有助于协调视觉和前庭功能。另外，如果座椅可以旋转，体验会更好，这样用户能够更方便地查看周围的环境。

如果用户靠近的是一个正在移动的巨大物体（如冰山、船、鲸鱼），他们可能会觉得是自己正在移动。提供足够的视觉提示，让玩家意识到其实是大物体在移动，这是确保玩家不会得运动病的关键所在。

3. 用户交互和体验设计

在位置跟踪设备 (VIVE、Rift、PS VR、HoloLens) 中，要注意这样一个事实，即用户的身高是各不相同的。确保你的体验对于身高 1m 和 2m 的人都适合。如果想让玩家从系在身上的腰带上或从桌面上拿东西，请做好相应的设计，让所有玩家都能拿得到。

遵循一些旧的 Kinect 设计最佳实践。在 VR 中，双手各带一个无线控制器会让你的手臂异常疲劳。当用户必须完全伸展开双臂时尤其如此。在体验中融入休息时间很有必要。允许用户做出不同的姿势，并时不时放松一下。请记住，用户具有的调节能力各不相同，年轻的开发人员感觉轻松的体验，对于年龄大的用户或行动不便的用户来说，则可能富有挑战性。

确保用户能够注意到周围的环境。在虚拟世界中乱走可能会让他们撞到墙上、电视上或其他人身上，自己可能会受伤，硬件或其他人也可能因此受损。

在三维空间中渲染启动画面和 UI，以便它们可以如玩家期望的一样真实地移动。不需要把它们布置在玩家"佩戴"的头盔上，许多早期 VR 体验就是这么做的。可以把它们直接布置到虚拟世界中，就像是一个科幻版的智能助手一样。

如果要使用头盔来投影 UI，请确保 UI 元素呈现在所有其他内容的前面，但是也不要过于靠近，那样做会导致极端的立体视差，从而很快让用户感到疲劳和头痛。立体视觉三维图像是三维空间的一个重要提示，但是它的效果相当差，大多数二维提示（遮挡、透视等）效果都比它好。

请记住，显示屏离用户的眼睛只有几英寸远。任何较大的亮度变化都会被放大，并可能导致不适。任何显示器中快速闪烁的图像都有可能导致癫痫发作，而让闪烁显示几乎占据用户的整个视野，对于那些易发癫痫的人来说，这个问题很可能会更加严重。

如果在 VR 中容易意外选中菜单选项，请确保用户可以快速高效地退出。与鼠标和键盘或游戏控制器的精度相比，在 VR 中通常很容易选中不正确的菜单项。让用户从一种输入方式转到另一种输入方式是解决此问题的方法之一，增加"是 / 否"确认也一样可行。

4. 运动病

为什么会得运动病（或模拟器病又或是 VR 病）？最简短的回答是身体和眼睛发给大脑的信号发生了脱节。身体告诉大脑你正在移动（或没有移动），而你的眼睛却告诉大脑你在以不同速率或向不同方向移动。其效果和晕船如出一辙。在 VR 中，你可能正坐着一动不动，而虚拟世界此时是转动着的；或者你正在移动，但是虚拟世界移动的速率或角度不同。这可能会让你感到不舒服。有些人认为，对于你的身体来说，感觉就像是"中毒"了一样，所以你的身体会试图通过呕吐来摆脱这种"毒药"。

这种影响女性似乎比男性更为明显，而且随着年龄的增长，这种影响似乎也越来越大。有些人认为，这是因为随着年龄的增长，我们的内耳发生一些变化，反应也愈加迟缓。

5. 运动病的预防——"无药可救"

如果你正在设计 VR 体验，有两个主要原因，会让你更有可能患上运动病。首先，你每天在 VR 中的体验时间将超过任何一个用户在一个月内的体验时间。其次，当体验未优化且帧速率不足或不一致时，更容易患上运动病。

虽然有一些食物和按摩技术可以减轻一些人的运动病症状，但是没有方法可以很快治愈它。一旦它影响到你，不可能吃上一片药片，就马上觉得好多了。因此，最好知道有哪些警告信号，以及何时停止。如果你患有严重的运动病，你可能会停工一整天，因为你很可能感到浑身不适、无法编程。

为了防止运动病，请定期休息。通常建议每隔 10 ~ 15min 休息一次。你可能需要设计与此持续时间相符的 VR 体验。至少，应该设计符合此基准的存档点，从而让用户有机会休息。

如果你已经开始感到恶心，要立刻停下来，而不能硬撑下去。试图这样做只会让情况变得更糟，而不会变好。

在 VR 中闭上眼睛是抵御运动病的最佳办法。如果有什么让你感到不舒服、不安或难受，那就闭上眼睛。特别是当它是一个剪辑场景，或是其他你不能控制视点的一些行为。如果是你必须保持视觉注意力的这种情况下（例如在飞行模拟器中），请把注意力集中到一个点上并跟住这个点，直到摄像机返回到更正常的位置。特别是在飞行模拟中，可以倾斜头部，以配合在 VR 中体验地平线倾斜，这将在一定程度上有所帮助。

如果你确实患上了运动病：

- 坐下，尽量不要移动头部。
- 闭上眼睛。
- 当你觉得恢复到能够移动时，起来四处走动一下，如有可能，尽量在户外能够看到地平线的地方走动走动。

食物方面：虽然经验证据并不确凿，但是吃生姜（姜汁、姜糖、腌姜）并没有什么坏处，而且对有些人来说肯定是管用的，要不然也不会成为预防晕船的常见建议。如果你容易患上 VR 疾病，那么在进入 VR 之前，请尽量避免吃辛辣、油腻、卷心菜之类的食物。记住一定要多喝水。

低帧速率或帧速率不一致最容易让人患病。你可能需要更快的视频卡、更快的 CPU 或更好的代码优化，或者更简洁的更少边数的艺术资源、更少的粒子效果、更低精度的物理模拟等。

P-6 压力点：晕船带是通过向相关穴位施加压力来缓解一些用户的运动病的。如果你没有带子，也可以用手按摩该区域，看看是否能够缓解症状。

手掌朝上，将另一只手的拇指放在离手掌底部 1in（2.54cm）处。你应该感觉到两个肌腱在你的手掌底部。轻轻地按摩该点，然后换另一只手。这个方法并不是对每个人都有效，但是值得一试。

许多人报告称当他们患上 VR 疾病时会发热。如果你患病了，可以试试吹吹冷空气，去外面散散步，或者在头上用毛巾冷敷一下。

—————— 推荐阅读 ——————

《增强现实开发者实战指南》

阿里、微软、百度及学界专家联合推荐。

随着几年的蛰伏，已到来的 5G 技术，将极大促进增强现实、虚拟现实（AR/VR）行业的突破性发展，学习增强现实开发正当时。

作为一本适合 AR 开发者的实战案头书，采用逐步教学的实战方式详解如何使用 Unity 3D、Vuforia、ARToolkit、HoloLens、Apple ARKit 和 Google ARCore 等主流开发工具。

助你快速掌握并在移动智能设备和可穿戴设备上构建激动人心的实用 AR 应用程序。

本书适合想要在各平台上开发 AR 项目的开发人员、设计人员等从业者，AR 技术的研究者、相关专业师生，以及对 AR 技术感兴趣的人员阅读。

《实感交互：人工智能下的人机交互技术》

人工智能赋能人机交互技术，智能＋交互，深入探讨解读人工智能下的人机交互技术。

分析基于触摸、手势、语音和视觉等自然人机交互领域的技术、应用和未来趋势。

•有关触控技术的明确指导，包括优点、局限性和未来的趋势。

•基于语音交互的语音输入、处理和识别技术的原理和应用案例讲解。

•新兴的基于视觉感知技术和手势、身体、面部、眼球追踪交互的详解说明。

•讨论多模式自然用户交互方案，直观地将触摸、语音和视觉结合在一起，实现真实感互动。

•审视实现真正 3D 沉浸式显示和交互的要求及技术现状。